生成幼儿园主题活动PPT

WPS AI一键生成幻灯片　　　　　　自动生成教学课件

AIGC绘画　　　　　　　　文生图　　　　　　　水墨画风格文生图

油画风格文生图　　　　　　素描风格文生图　　　　　　生成游戏场景

生成静态角色图像　　　　　　生成包装效果图　　　　　　生成商品主图

风景照片转换为油画效果

真人照片转手绘插画

为风景照片上色

草图优化

沙发的抠取与场景的合成

手动抠取图像

生成包装图案

生成水墨十二生肖

语音合成界面

音乐生成界面

文字生成视频

AI特效的应用

文字一键成片

为数字人播报添加字幕

立体相册

智能扩图

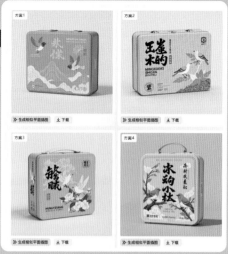

生成产品宣传图

一键生成产品包装

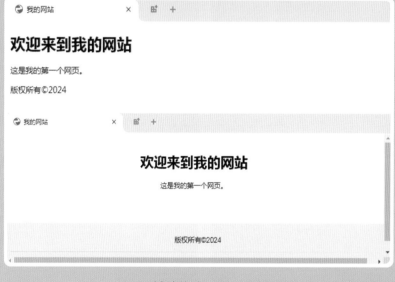

AIGC辅助修改HTML 5网页

体重指数计算程序

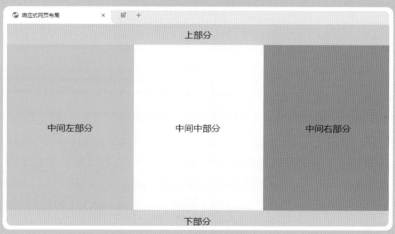

制作网页基础布局

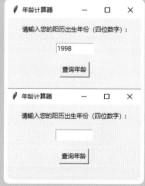

创建年龄查询工具

营销策划方案PPT

拟人AIGC绘画　　　　　水彩画风格文生图　　　　　生成标志图案

图片生成视频

基于阈值抠图

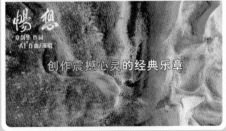

章剑华 畅想 AI作品　　　　　　一站式图片生视频

生成关于劳动节放假的通知

根据主题自动生成文案

AIGC制作表格

"小红书"文案写作

热点抓取和趋势分析

体重指数计算程序

代码检测与修复

制作网页基础布局

图像的抠取与合成

文本到图像的生成

图像到图像的转换

文字生成视频

文字一键成片

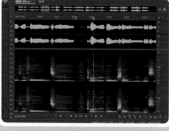

去除录音中的杂音

生成年会开场音乐

AIGC入门与应用 标准教程

微课视频版

魏砚雨 孙峰峰 ◎ 编著

清华大学出版社

北京

内 容 简 介

本书从零起步、循序渐进地对AIGC的基础知识和使用方法进行讲解。

全书共8章，内容包括人工智能与AIGC基础、AIGC简化应用文写作、AIGC重塑办公方式、AIGC辅助图像处理、AIGC优化数字音频编辑、AIGC引领短视频创作、AIGC推动新媒体运营、AIGC助力代码编写与调试等。在讲解技术理论的同时，穿插安排"动手练""拓展应用"板块。书中所选案例紧贴当前热门应用，可操作性强，讲解详细，即学即用。

本书结构合理紧凑，内容全面丰富，语言通俗易懂，适合作为各院校人工智能基础课的教材，也适合作为广大读者学习AIGC的参考书。

图书在版编目（CIP）数据

AIGC入门与应用标准教程：微课视频版 / 魏砚雨, 孙峰峰编著.

北京：清华大学出版社, 2025.4. -- (清华电脑学堂). -- ISBN 978-7-302-68858-7

Ⅰ . TP18

中国国家版本馆CIP数据核字第2025GM0547号

责任编辑：袁金敏
封面设计：阿南若
责任校对：徐俊伟
责任印制：宋　林

出版发行：清华大学出版社
  网 址：https://www.tup.com.cn, https://www.wqxuetang.com
  地 址：北京清华大学学研大厦A座 邮 编：100084
  社 总 机：010-83470000 邮 购：010-62786544
  投稿与读者服务：010-62776969, c-service@tup.tsinghua.edu.cn
  质 量 反 馈：010-62772015, zhiliang@tup.tsinghua.edu.cn
  课 件 下 载：https://www.tup.com.cn, 010-83470236
印 装 者：三河市君旺印务有限公司
经 销：全国新华书店
开 本：185mm×260mm 印 张：13.5 插 页：3 字 数：330千字
版 次：2025年5月第1版 印 次：2025年5月第1次印刷
定 价：59.80元

产品编号：111680-01

人工智能赋能教育改革
——清华电脑学堂AIGC系列图书编委会

推荐序

在时间展开的漫漫长卷中，人类文明犹如熠熠星辰，不断闪烁着创新的光辉。而人工智能宛如一颗从科技云层中冉冉升起的新星，以其独特的光芒，为人类前行开辟了崭新的道路。

人类赋予人工智能以智慧，而人工智能则回馈给人类以更多的可能性。它理解人类的需求，陪伴人类的生活，在我们疲惫时给予慰藉，在我们迷茫时提供指引，在我们需要时予以帮助，给我们带来全新的生产方式和生活方式。

如今，人工智能的应用领域不断拓展，并已渗透到人们生活的方方面面。从医疗领域精准的疾病诊断，到交通系统智能的调度管理；从智能家居带来的便捷舒适，到教育领域个性化的学习体验；从辅助翻译、写作，到辅助作曲、绘画，人工智能在许多领域显示出超强的能力，发挥着难以想象的作用：一方面，人工智能极大地提高了生产效率，让曾经需要耗费大量人力和时间的工作在瞬间即可完成；另一方面，人工智能拓展了人类认知的边界，挑战着人们对创造力的传统认知，帮助人们解决了许多曾经看似无解的难题。

人工智能展现出一种独特的魅力，正以前所未有的方式重塑着我们的世界。

无疑，人工智能对于人类历史具有划时代意义！

无疑，人类的又一个新的伟大时代开始了！

面对人工智能，有人欢呼雀跃，认为人工智能将带来意想不到的帮助和机会；有人惊慌失措，认为人工智能将导致失业和道德困境；有人大显身手，开始应用人工智能技术进行各种尝试并寻求新的机会；有人则束手无策，不知如何是好。

为了帮助人们正确地认识、学习和应用人工智能，魏砚雨、孙峰峰两位人工智能专家及时地编写了本书，从零起步、循序渐进地对AIGC的基础知识和使用方法进行讲解，旨在为读者提供一个全面、系统了解AIGC的窗口，帮助读者在这个由人工智能驱动的新时代找到自己的定位。本书有以下几个鲜明特点。

一是讲解通俗易懂。针对大家关心的理论问题和实际应用问题，深入浅出地进行讲解，其结构合理紧凑，层次清晰；内容全面丰富，循序渐进；解析简明扼要，通俗易懂。

二是注重实际操作。在讲解理论问题和技术问题的同时，穿插安排"动手练"和"拓展应用"板块。所选案例紧贴当前热门应用，可操作性强，讲解详细，即学即用。

　　三是适合广大初学者。本书不仅适合作为各类院校人工智能基础课的教材，也适合作为广大读者学习与实践人工智能的参考书，有助于读者打破技术的专业壁垒。AIGC助力每个人在学习、工作与生活中实现更高效、更美好的可能性。

　　总之，本书对于人工智能的学习者和应用者来说是一场"及时雨"，是一本"实用手册"，可以帮助大家尽快入门并正确应用。当然，师傅领进门，修行靠个人。关键还是要靠自己多学习、多思考、多实践，这样才能真正学好、用好人工智能，使其成为我们学习、工作和生活的新伙伴、好伙伴。

　　需要指出的是，人工智能目前还处于"幼年期"，它正在迅速成长，其发展前景难以预见。我们目前的认识与应用还是极其初步和肤浅的。让我们时刻紧跟人工智能时代，热情拥抱人工智能时代，从容面对人工智能时代，不断学习，深化认识，勇于实践，努力攀登人工智能时代的新高峰。

江苏省文联主席

前 言

人工智能技术正以惊人的速度重塑我们的生活方式，而AIGC（人工智能生成内容）无疑成为这场变革中的核心驱动力。从文案写作到智能办公，从图像生成到视频合成，从自动配乐到数字人播报，再到代码编写和新媒体运营，其应用无处不在，迅速成为现代生活和工作中不可或缺的助力工具。

AIGC的出现，使得传统内容创作变得更加高效、灵活且智能化。它不仅能够根据输入的提示生成完整文章，也能将简单的文本描述转化为令人惊叹的艺术作品；甚至可以根据文本生成各种音频或视频内容。然而，尽管AIGC技术的应用场景愈发广泛，目前市场上仍缺乏一部既全面又专业的生成式人工智能应用教材，难以满足教学和培训活动的需求。因此，迫切需要编写一本内容适中、实用性强、兼顾理论与实践的生成式人工智能通识教材，以便广大师生能够迅速入门，同时适应人机协同的教学和培训模式，进一步推动AIGC技术的普及与应用。本书正是在这一背景下应运而生，旨在帮助读者迅速掌握AIGC的基础知识与实用技能，为未来的创新之路提供坚实的起点。

作为一项充满潜力的技术，AIGC不仅仅是技术专家的专属工具，也是每个人都能轻松触及的创新利器。它的真正价值在于赋能个体，让每个人都有机会成为创新者。无论你是刚刚接触AIGC的新手，还是希望深入探索其应用奥秘的进阶者，这本书都将成为你可信赖的伙伴。

本书特色

本书旨在为读者提供一个全面、系统了解AIGC的窗口，帮助读者在这个由人工智能驱动的新时代找到自己的定位。希望通过本书，可以帮助读者打破专业的技术壁垒，让AIGC助力每个人，实现工作与生活中更高效、更美好的可能性。

- **理论+实操，实用性强**。本书为疑难知识点配备相关的实操案例，使读者在学习过程中能够从实际出发，学以致用。

- **结构合理，全程图解**。本书全程采用图解的方式，让读者能够直观地看到每一步的具体操作。

- **拓展应用，温故知新**。本书第2～8章的最后安排"拓展应用"板块，主要针对本章内容的学习进行再练习，实现"学习—思考—实践"的闭环操作，能举一反三地解决其他类似的问题。

内容概述

全书共8章，全面覆盖AIGC的基础知识与应用场景，具体内容见表1。

表1

章序	内容导读
第1章	主要介绍人工智能与AIGC的概念，内容包括人工智能基础、人工智能的关键技术、大模型的基本概念以及AIGC概述等
第2章	主要介绍AIGC在应用文写作中的应用，内容包括应用文写作基础、提问的技巧、AIGC写作的思路与方法等
第3章	主要介绍AIGC在办公软件中的应用，内容包括AIGC应用场景展示、文案创作、数据处理、演示文稿创作等
第4章	主要介绍AIGC在图像处理中的应用，内容包括AIGC绘画知识、文生图、图生图、AIGC图像处理技术等
第5章	主要介绍AIGC在数字音频编辑中的应用，内容包括音频基础知识、音频的合成、数字音频后期处理等
第6章	主要介绍AIGC在短视频创作中的应用，内容包括短视频生成、自动配乐、台词对口型、AI特效应用、一键成片、数字人播报等
第7章	主要介绍AIGC在新媒体运营中的应用，内容包括新媒体运营知识、AIGC辅助新媒体内容创作，如宣传创意启发、小红书文案写作、热点抓取和趋势分析等
第8章	主要介绍AIGC在代码编写与调试环节中的应用，内容包括代码基础知识、Python基础、Web基础，以及利用AIGC辅助代码编写、注释、调试等

值得注意的是，AIGC技术只能作为提升效率的工具使用，具体的创作核心在于人类的主观思想和意识，过度依赖不可取。

本书的编写不仅得到了江苏省人工智能学会、南京林业大学、南京航空航天大学、南京师范大学、正德职业技术学院、南京工程学院、南京信息职业技术学院、南京理工大学、南京传媒学院、南京邮电大学、北京航空航天大学、江苏省如皋中等专业学校等院校十多位老师的指导，还受到了南京投石智能系统有限公司、中核华纬工程设计研究有限公司等企业科技人员的支持与帮助，在此一并表示感谢。感谢本书中所使用的AIGC工具的开发者与经营者，他们为推动我国人工智能领域的发展，提升国民在生成式人工智能技术方面的素养和应用能力，提供了宝贵的支持和帮助。希望本书能点燃你对人工智能的热情，并在学习和工作中为你带来切实可行的帮助。

附赠资源

教学课件

配套视频

技术支持

教学支持

目 录

第8章

AIGC助力代码编写与调试

第7章

AIGC推动新媒体运营

第1章
人工智能与AIGC基础

人工智能是当今社会最热门的话题之一，它正以前所未有的速度改变着人们的生活和工作方式。从语音助手到自动驾驶，从医疗诊断到内容生成，人工智能正在各行各业释放巨大的潜力。本章将对人工智能的概念以及相关技术进行简单的介绍。

1.1 了解人工智能

人工智能作为当代技术变革的重要驱动力，正在深刻改变着人类社会的方方面面。然而，人工智能到底是什么，涵盖哪些方面的内容，很多人不太清楚。本节将围绕人工智能的概念、发展历程、分类以及研究方法四方面进行介绍。

1.1.1 什么是人工智能

人工智能（Artificial Intelligence，AI）是计算机科学的一个分支，旨在模拟和扩展人类智能，使机器能够像人类一样进行思考、学习和决策。它不仅能让计算机完成复杂的逻辑任务，还试图赋予机器感知、推理、规划和语言理解等能力。

当使用语音助手（如Siri或小爱同学）询问天气时，人工智能会通过语音识别技术将人们的问题转化为文本，再结合大数据和预测模型快速生成答案。这个过程中，人工智能不仅识别了语音，还理解了问题并进行了精准回应，展现了人类智能的部分特征，图1-1所示是智能音箱示意图。

人工智能本质上是一种技术，试图模仿甚至超越人类的智慧。它可以帮人们解决问题、

图 1-1

提供建议，甚至能写文章、作曲或者画画。如今，人工智能已经被广泛应用在生活的各方面，让人们的生活更加便捷高效。

1.1.2 人工智能的发展历程

人工智能技术的发展分为四个主要阶段，每个阶段都有其特点和里程碑事件。

1. 萌芽阶段：20 世纪 40—50 年代

科学家麦卡洛克和皮茨提出了神经网络的数学模型，开创了用数学和逻辑模拟人类大脑的可能性。

计算机科学家艾伦·图灵提出了著名的"图灵测试"，用于评估机器是否具有智能。这就像一个游戏，如果一个人无法分辨自己是在和机器还是人对话，那么机器就算通过了测试。

这一阶段，人工智能更多是理论探索，虽然实际应用有限，但奠定了坚实的基础。

2. 起步阶段：20 世纪 50—70 年代

人工智能这个名字在1956年的达特茅斯会议上首次被正式提出，这标志着人工智能作为一个研究领域正式诞生。

科学家开发了许多"专家系统"，它们依靠预先设定的规则来解决问题。例如，MYCIN是一个医学诊断系统，能帮助医生判断感染类型并推荐药物。

人工智能在游戏中也崭露头角。例如IBM开发的AI程序可以打败业余棋手，这在当时被认

为是大成就。

这一阶段，人工智能研究从理论走向实践，但大多依赖手工编写的规则。虽然成果显著，但这些系统过于依赖人类编写的规则，遇到复杂问题时显得力不从心。这也让人们对人工智能的未来开始产生质疑。

3. 低谷与复兴阶段：20世纪70—末期

20世纪70—80年代是低谷期，当时的计算机性能不足，无法处理复杂的算法和大量数据。此外，AI模型的实际效果与人们的期望差距太大。

20世纪80—90年代末期是复兴期，反向传播算法的提出让神经网络训练变得更加高效，这让机器学习的能力得以提升。

这一阶段人工智能发展速度缓慢。在20世纪80年代中期，神经网络技术的复兴给人工智能注入了新的活力。虽然该阶段的进步有限，但为日后深度学习的爆发积累了关键技术。

4. 爆发阶段：21世纪一至今

深度学习技术崭露头角。Hinton团队使用深度神经网络在ImageNet比赛中取得了惊人成绩，人工智能在图像识别领域超越了人类。

大语言模型（如ChatGPT）和生成型AI（如Midjourney）让AI能够写文章、绘画、编程，甚至参与创作。

这一阶段，计算机性能大幅提升，加上互联网的普及带来了海量数据，成为推动人工智能飞速发展的两大引擎，人工智能技术终于迎来了高光时刻。

1.1.3 人工智能的分类

人工智能分为很多种，不同类型的人工智能所擅长的领域也不同。

1. 按智能水平分类

按照智能水平进行分类，大致可分为三种：轻人工智能（ANI）、强人工智能（AGI）和超人工智能（ASI）。

- 轻人工智能是当前比较常见的AI类型，指那些只擅长完成某一特定任务的AI，例如语音助手（Siri、小爱同学）、导航软件等。它们能听懂人类的语音指令，但无法解决其他领域的问题。
- 强人工智能是指能够像人类一样思考和学习的人工智能，它们可以跨领域解决不同问题。能自由地学习、理解和解决各种问题。目前，强人工智能正处于研究阶段。
- 超人工智能是指一种能力全面超越人类的人工智能。它可能会在学习速度、知识储备和创造力上远超人类。目前，该技术仅停留在幻想阶段。

2. 按功能分类

按功能分类，人工智能可分为三种：感知型人工智能、决策型人工智能和生成型人工智能。

- 感知型人工智能擅长从图像、声音、文字等数据中获取信息，它们的作用就像人类的眼睛和耳朵，通过数据（图片、声音等）作出识别和反应。例如人脸识别（人脸解锁、打卡等）、语音识别（智能音箱、智能导航等）、图像识别（安防摄像头）。

- 决策型人工智能能够根据感知到的信息进行分析和决策，它们可以帮助人类在复杂环境中作出更明智的选择。例如自动驾驶、股市预测、医疗AI等。
- 生成型人工智能可以通过大量的深度学习、模仿和训练，创造出全新的内容。让机器从被动的工具变成了可参与创作的创意助手。例如ChatGPT、Midjourney、音乐AI等。

3. 按实现方式分类

按实现方式分类，人工智能也可分为三种：基于规则的人工智能、基于机器学习的人工智能和基于深度学习的人工智能。

- 基于规则的人工智能需要人类提前写好规则，按照固定的逻辑运行。例如，棋类AI工具是将所有可能的走法罗列出来，然后一步步计算最优解。
- 基于机器学习的人工智能是通过学习数据发现规律，不依赖人类设定的规则，能处理复杂问题。例如推荐算法和语音识别等。
- 基于深度学习的人工智能是机器学习的一种进阶方式，它通过"神经网络"模仿人脑的工作方式。这类人工智能能处理更为复杂的任务，例如图像识别。

1.1.4　人工智能的三大流派

目前，人工智能主要包括符号主义、连接主义和行为主义3个流派。它们代表人工智能技术研究的三种思路。

1. 符号主义

符号主义认为智能可以通过逻辑推理和符号操作实现。它的研究方法基于人类的逻辑思维，使用明确的规则和知识库进行计算，具体表现如下。

- **专家系统**：通过提前输入专家的知识和规则，解决特定领域的问题，例如医疗诊断中的疾病分析系统。
- **搜索算法**：在所有可能的选项中找到最优解，例如迷宫问题或者下棋AI。

该流派逻辑清晰，适用于有明确规则的任务。但在处理复杂、不确定或动态环境时表现有限。

2. 连接主义

连接主义认为智能源于类人脑神经网络的连接和学习。通过模拟人脑的神经元和突触，让机器从数据中自主学习和优化。具体表现如下。

- **人工神经网络**：通过多层"神经元"进行学习和预测，是深度学习的基础。
- **深度学习**：利用复杂的多层神经网络，处理图像、语音和自然语言等复杂任务，例如人脸识别、自动驾驶。

该流派学习能力强，比较擅长处理海量数据和复杂模式识别任务。但学习过程不透明，且需要大量数据和计算资源。

3. 行为主义

行为主义认为智能源于与环境的交互，通过试错和反馈不断优化行为。人工智能可以在与环境的"对话"中学会如何作出最佳决策。具体表现如下。

- **强化学习**：人工智能通过奖励和惩罚机制学习最优行为。
- **机器人控制**：让机器人通过与环境互动完成任务。例如，学习行走或抓取物体。

该流派可以处理动态和不确定的环境，适合解决复杂且连续的决策问题。但训练过程很耗时间，需要大量的试验和计算资源。

三大流派各有侧重，互为补充。人工智能的研究往往会结合多个流派的优势，以解决更复杂的现实问题。

1.2　人工智能的关键技术

人工智能之所以能在各个领域发挥作用，离不开它背后的几项关键技术。简单来说，这些技术是人工智能的"大脑"和"工具箱"，让它能够"学习""理解""推理"和"行动"。

1.2.1　机器学习

机器学习是人工智能的核心技术之一，也是目前应用最广泛、发展最成熟的领域之一。简单来说，机器学习是一种让计算机通过数据"自学成才"的方法，不需要人类为它写下具体的规则。它通过分析大量的数据，自动寻找规律，并用这些规律完成预测、分类或生成新的内容。

1. 机器学习的方式

机器学习主要有监督学习、无监督学习和强化学习三种学习方式。每种方式都有其特定的用途和应用场景。

1）监督学习

监督学习是指用"有标签"的数据来训练模型。这些数据中，每条输入（特征）都有明确的输出（标签）。通过学习这种输入与输出之间的映射关系，学会对新数据进行预测。

例如，给机器学习模型输入大量带标注的图片，告诉它哪些是"猫"，哪些是"狗"。经过训练后，就能快速识别一张新图片中的动物是猫还是狗。该方式常应用于图像分类、疾病诊断、金融风控等场景。

2）无监督学习

无监督学习是用"无标签"的数据进行训练。模型需要自己发现数据中的隐藏结构或规律，通常用于数据的聚类和降维。

例如，有一堆图片，但没有标注类别，机器学习模型可以根据颜色、形状等特征把图片分成几类，例如一类是动物，一类是风景。该方式常用于用户行为分析和异常检测场景。

3）强化学习

强化学习是通过"奖惩机制"让机器学习模型逐步学会最佳策略。它类似于游戏中的不断试错，通过与环境交互，学习什么操作可以带来奖励，并避免错误。

例如，AlphaGo就是通过强化学习击败人类围棋高手的。它通过不断模拟对局，学习如何从每一步棋中获得胜利的最大可能。该方式常用于自动驾驶、游戏AI、资源分配等场景。

2. 机器学习的关键技术

机器学习的实现离不开以下3个核心技术。

1）数据预处理

数据是机器学习的"燃料"，但原始数据往往是杂乱无章的，因此需要对数据进行清洗、归一化、特征提取等处理，让能学习更高效。例如，在分析医疗数据时，需要清洗缺失值（如未填写的检测数据），将不同单位的数据（如体重的kg与身高的cm）归一化为相同的范围。

2）模型训练

模型训练是机器学习的核心步骤，常见的模型训练包括以下三种。

- **线性回归：**适用于预测简单的数值关系。
- **决策树：**基于"如果……则……"的规则分类数据。
- **神经网络：**模仿人脑结构，适合处理复杂任务。

3）模型评估

训练模型后，需要用测试数据评估模型的准确性。常用的评估指标包括准确率、召回率、F1分数等。例如，在开发垃圾邮件分类器时，需要测试它对垃圾邮件识别率的高低。

1.2.2　自然语言处理

自然语言处理旨在让计算机能够理解、生成、分析和处理人类的自然语言。简单来说，自然语言处理是让计算机学会"听懂"人类说的话、"看懂"人类写的文字，并能用人类语言进行交流。

1. 常见语言模型

语言模型的主要任务是帮助计算机理解和生成语言。语言模型是通过大量的文本数据训练出来的，用来预测词语之间的关系和上下文的含义。

- **统计语言模型：**基于概率统计，预测一个词出现的概率，如N元语法模型。
- **深度学习语言模型：**能更好地捕捉上下文关系，如LSTM、Transformer等。
- **预训练语言模型：**通过大规模训练获得"语言知识"，在具体任务中能直接应用，如BERT、GPT系列等。

2. 自然语言处理技术

自然语言处理技术已渗透到人们日常生活中，常见的自然语言处理技术有以下几种。

- **文本分类：**将文本分到预定义的类别中。如垃圾邮件分类、新闻分类等。
- **情感分析：**通过分析语言表达，判断文本作者的情感倾向（如正面、中性或负面）。如电商平台的商品评论分析、社交媒体舆情监测等。
- **机器翻译：**将一种语言翻译成另一种语言。如Google翻译、微信翻译、实时语音翻译设备等。
- **语音识别与生成：**将语音转为文字（语音识别）或将文字转为语音（语音生成）。如语音助手（如Siri、小度）、字幕生成、智能导航。

- **自动问答：** 让机器回答用户提出的问题。如搜索引擎的智能问答、客户服务机器人。
- **信息抽取：** 从非结构化文本中提取有用的信息。如新闻摘要生成、金融数据提取、知识图谱构建等。
- **文本生成：** 让机器根据输入生成符合逻辑和语法的文本内容。如文章写作辅助、代码生成、对话生成等。

3. 自然语言处理流程

自然语言处理流程可概括为：文本预处理→语言表示→特征提取→模型训练→模型预测→模型评估→应用部署。

- **文本预处理：** 将原始文本数据整理为机器能处理的形式。
- **语言表示：** 将文本转换为机器可以理解的数字形式，并且还要考虑语言中的意思和上下文。
- **特征提取：** 从文本中提取出对解决问题最有用的信息（特征）。
- **模型训练：** 利用处理好的数据，选择合适的算法和模型进行训练，让机器学习如何理解和生成语言。
- **模型预测：** 通过训练好的模型，对新的输入文本进行预测或生成结果。
- **模型评估：** 检查模型的性能，判断它是否达到预期效果，并根据需要进行优化。
- **应用部署：** 将训练好的模型部署到实际应用场景中，例如聊天机器人、翻译系统等。

1.2.3　计算机视觉

计算机视觉是让机器通过"看"来理解图片和视频的内容。人类可通过眼睛看世界，而机器则是通过摄像头采集图像。计算机视觉的任务就是从这些数字中提取信息，让机器理解。

1. 数字图像基础

机器接收到的数字图像由像素的点组成。每个像素的亮度、颜色或距离等属性在机器内表示为一个或多个数字。常见的数字图像包括灰度图像，彩色图像，RGBD图像，红外、紫外、X光等图像。

- **灰度图像：** 每个像素由一个亮度值表示，通常用1字节表示，所以最小值为0（最低亮度，黑色），最大值为255（最高亮度，白色），其余数值则表示中间的亮度。
- **彩色图像：** 采用RGB色彩模式表示。RGB色彩模式是工业界的一种颜色标准，是通过对红（R）、绿（G）、蓝（B）3个颜色通道的变化以及它们相互之间的叠加来得到各种各样的颜色。每个像素的颜色通常用分别代表红、绿、蓝的3个1字节表示。RGB标准几乎包括了人类视力所能感知的所有颜色，是目前运用最广的颜色系统之一。
- **RGBD图像：** 3D深度摄像头可以采集环境的深度信息，即RGBD（RGB+Depth）图像。3D深度摄像头作为一种新型立体视觉传感器和三维深度感知模组，可实时获取高分辨率、高精度、低时延的深度和RGB视频流，实时生成3D图像，并且用于3D图像的实时目标识别、动作捕捉或场景感知。通过3D深度摄像头获取的深度信息稳定可靠，且不受环境光影响。此时，对每个像素，除了RGB彩色信息外，还会有一个值表达深度，即该像素与摄像头的距离。其单位取决于摄像头的测量精度，一般为毫米，至少用2字节表示。深度信息本质上反映了物体的3D形状信息。这类摄像头在体感游戏、自动驾驶、机器人导航等领域有潜在的广泛应用价值。

- **红外、紫外、X光等图像**：计算机视觉处理的图像或视频还可能来自超越人眼可视域的成像设备，它们所采集的电磁波段信号超出了人眼能够感知的可见光电磁波段范围，例如红外、紫外、X光等。这些成像设备及其后续的视觉处理算法在医疗、军事、工业等领域有非常广泛的应用，可用于缺陷检测、目标检测、机器人导航等。

2. 基于计算机视觉的生物特征识别

基于计算机视觉的生物特征识别技术已成为人工智能重要的研究与应用领域。通过对人体的生物特征进行捕捉、分析和识别，实现身份认证或行为分析。如面部识别、指纹识别、虹膜识别、步态识别、静脉识别等。

- **面部识别**：通过摄像头捕捉人脸图像，分析五官特征（如眼睛、鼻子、嘴巴的相对位置）以及面部纹理来识别个人身份。常用于身份验证、安防监控、智能出入管理等领域。
- **指纹识别**：利用手指表面的纹路（包括脊和谷的特征）进行身份认证。通过计算机视觉技术，采集指纹图像并提取其独特特征点。常用于电子设备解锁、银行系统、政务管理等领域。
- **虹膜识别**：虹膜是人眼睛中黑色瞳孔和白色巩膜之间的部分，其纹理对每个人是独一无二的。通过高精度摄像头采集虹膜图像并分析其纹理特征可进行身份验证。它比面部识别更精准，因为虹膜的特征在生命周期中几乎不会发生变化。常用于高安全需求领域、智能设备等领域。
- **步态识别**：通过分析人的走路姿态和动作模式进行身份识别。步态是生物特征中比较独特的部分，尤其在远距离场景下具备优势。常用于远距离监控、医疗、公共交通系统等领域。
- **静脉识别**：利用人体手掌或手指中血管分布的唯一性特征进行身份识别。静脉识别需要借助特殊的红外成像技术，而计算机视觉负责分析和匹配静脉图像。常用于银行和支付系统、医疗、门禁系统领域等。

3. 深度学习在计算机视觉的应用

深度学习可以说是计算机视觉的"秘密武器"。传统的计算机视觉方法需要人类手动设计规则，而深度学习通过模拟人脑的神经网络结构，可以自动提取图像中的复杂特征，从而极大地提升计算机理解和分析图像的能力。

- **图像分类**：计算机视觉中最基础的任务之一，目标是将一张图片分配到预定义的类别中。传统算法需要人工提取特征，例如边缘检测、纹理分析等，效果有限。而深度学习可以自动提取图片的高级特征，例如颜色、形状、纹理、背景等，分类效果大幅提升。
- **目标检测**：在图片或视频中，深度学习可以捕捉物体的形状、纹理和空间关系等复杂信息，从而更精准地检测目标。

- **图像分割**：图像分割是比目标检测更精细的任务，不仅要找到物体的位置，还要将物体从背景中精确地分割出来。传统方法只能粗略地识别目标边界，而深度学习可以进行像素级别的分割。
- **图像生成**：深度学习不仅能分析和理解图像，还可以通过生成对抗网络技术生成高度逼真的图片。
- **视频分析**：深度学习不仅能处理单张图片，还可以对连续的视频进行分析，提取动态场景中的信息。通过神经网络，不仅能捕捉单帧图片的内容，还能分析视频中前后帧的变化。

1.2.4 智能语音

智能语音是一种让机器能"听懂"和"说话"的技术，目的是实现人与机器之间的自然语言交流。通过智能语音技术，人们可让机器像人类一样理解声音，识别人类的语言，并用自然流畅的语音做出回应。

1. 语音识别

语音识别是指将人类的语音信号转化为机器可以理解的文字内容。简单来说，就是把"声音"变成"文字"。先通过麦克风等设备收集人类的语音信号，然后分析语音信号中的频率、音调等特征，并提取有用的信息。再使用深度学习技术（如语音模型）将语音内容转换成文字。常用于语音输入、语音助手、翻译软件等方面。

- **语音输入**：例如手机上的语音输入法，可以让使用者不用打字，直接"说"出短信内容。
- **语音助手**：苹果公司的Siri和百度公司的小度，都通过语音识别来"听懂"用户的指令。
- **翻译软件**：在出国旅行时，借助语音识别技术，通过手机能将用户说的话实时翻译成各种外语。

2. 语音合成

语音合成是指将文字内容转换为机器生成的语音信号，也就是让机器能用自然流畅的语音"说话"。机器首先分析输入的文字内容，判断语法、句子结构，然后通过语音合成模型将文字转换为语音波形，并模仿人类语音的语调和节奏。常用于智能客服、导航系统、语音阅读器等方面。

- **智能客服**：电话客服中听到的流畅语音通常是通过语音合成技术生成的。
- **导航系统**：如高德地图、百度地图中的语音导航指路。
- **语音阅读器**：将电子书、网页等内容用语音朗读出来，方便用户用耳朵获取信息。

1.2.5 知识图谱

知识图谱是用来组织和展示信息的一种方式。用户可以将知识图谱想象成一个巨大的思维导图，它将海量信息按照一定逻辑整理出来，帮助机器更好地"理解"世界。例如在搜索"苹果"时，知识图谱可以了解是"水果苹果"还是"苹果公司"，并给出对应的答案。

1. 知识图谱的表示

知识图谱用图的形式表示知识，图由节点和边组成。节点代表事物或概念，而边用来连接两个节点，代表它们之间的关系。

知识图谱通用的表示方式为三元组。它的基本形式有以下两种。

- （实体1，关系，实体2）三元组：例如（爱因斯坦，提出了，相对论），其中"爱因斯坦"是实体1，"提出了"是关系，"相对论"则是实体2，示意图如图1-2所示。
- （实体，属性，属性值）三元组：例如（江苏省，地级市，13个），其中"江苏省"为实体，"地级市"为属性，"13个"为属性值，示意图如图1-3所示。

图1-2　　　　　　　　　　　　　　　　　　　图1-3

知识图谱就是利用图形化界面来展示复杂的网络图，人们可以直观看到所有知识的关联性。

2. 知识图谱的结构

知识图谱的结构包括自身的逻辑结构以及构建知识图谱所采用的体系架构。知识图谱在逻辑上可分为数据层与模式层。

- 数据层主要由一系列事实组成，而知识以事实为单位进行存储。如果用（实体1，关系，实体2）三元组、（实体，属性，属性值）三元组表达事实，可选择图数据库作为存储介质。
- 模式层构建在数据层之上，是知识图谱的核心。通常采用本体库管理知识图谱的模式层。本体是结构化知识库的概念模板，通过本体库形成的知识库不仅层次结构较好，并且冗余度较小。

用于获取知识的资源对象（数据）大体可分为结构化、半结构化和非结构化3类。

- 结构化数据是指知识定义和表示都比较完备的数据，如DBpedia和Freebase等特定领域内的数据库资源等。
- 半结构化数据是指部分数据是结构化的，但存在大量结构化程度较低的数据。在半结构化数据中，知识的表示和定义并不一定规范统一，其中部分数据（如信息框、列表和表格等）仍遵循特定表示形式，以较好的结构化程度呈现，但仍然有大量数据的结构化程度较低。半结构化数据的典型代表是百科类网站；一些介绍和描述类页面往往也归入此类，如计算机、手机等电子产品的参数性能介绍页面。
- 非结构化数据则是指没有定义和规范约束的自由形式的数据，例如广泛存在的自然语言文本、音频、视频等。

3. 知识图谱的典型应用

知识图谱已经被广泛应用到各种领域，使信息的存储和利用更加智能化。

- **搜索引擎**：谷歌、百度在搜索功能中大量使用了知识图谱技术。例如搜索"泰坦尼克号"时，知识图谱可以直接展示该电影的相关信息，例如上映时间、导演、主演等，而不是单纯列出网页链接。

- **智能问答：**智能语音助手（如Siri、小度、小爱）可以通过知识图谱回答复杂的问题，例如"爱因斯坦是谁？""猫和狗有什么区别？"。
- **推荐系统：**视频平台通过知识图谱分析用户喜好，推荐相关电影或电视剧。购物平台可通过用户的购买记录，推荐用户可能感兴趣的商品。
- **医学领域：**知识图谱可以整理和分析疾病、症状、药物之间的关系，辅助医生做诊断。例如从患者的症状中推测可能的疾病，并给出治疗方案。
- **教育和科研：**通过知识图谱整理学科知识点，帮助学生学习和研究人员挖掘新知识。例如在学习新课程时，知识图谱可以直观展示课程的知识框架及重点。

1.3 大模型的基本概念

人工智能大模型是一种超大规模、通用性强的深度学习模型，具备"聪明"的特性，能够解决复杂的任务。下面对大模型的一些基础概念进行简单介绍。

1.3.1 大模型的定义

大模型是指一种超大规模的深度学习模型，通常包含非常多的参数（亿级、百亿级甚至千亿级以上），并使用海量数据进行训练。大模型可以用来解决各种复杂的人工智能任务，例如语言理解、图像生成和推荐系统等。例如像ChatGPT这样的聊天模型则属于典型的大模型，如图1-4所示。

图 1-4

1.3.2 大模型的特点

大模型具有以下几个显著特点。

- **参数规模大：**大模型的核心是它的"参数"。可以把参数想象成大脑中的"神经连接"。普通模型的参数可能只有几百万个，而大模型的参数动辄亿级，甚至千亿级。
- **数据量大：**大模型需要用海量数据进行训练，这些数据可以是文本、图像、视频等。数据的丰富性让大模型在不同任务中表现得更加通用和高效。
- **通用性强：**大模型的一个核心优势是通用性。经过训练后，它可以在多个领域表现优异，而不需要为每个任务单独设计和训练模型。

- **迁移学习能力强**：大模型具备很强的迁移学习能力，它在一个任务上学到的知识，可以很好地迁移到另一个任务上，从而节省开发时间和成本。
- **高计算需求**：大模型需要大量的计算资源来支持训练和运行，例如高性能GPU集群和云计算资源。因此，训练大模型的成本非常高。
- **人工智能的泛化能力**：泛化能力是指模型从已知数据中学到知识，并能够在未知数据上表现出色。大模型能够理解不同任务的上下文，并生成高质量的答案。

1.3.3 大模型的分类

根据功能和应用领域，大模型可以分为以下几类。

- **自然语言处理模型**：主要用于处理和生成人类语言文本。擅长语义理解、语言生成等任务。代表模型有GPT系列、BERT（谷歌）等。
- **计算机视觉模型**：专注于图像、视频等视觉数据的处理。能够识别、分类和生成视觉信息。代表模型有Vision Transformer（ViT）、YOLO等。常用于人脸识别、自动驾驶、医学影像分析等领域。
- **多模态模型**：可以同时处理多种类型的数据，它打破单一模态的限制，实现跨领域协作。代表模型有DALL·E、CLIP（OpenAI）等。常用于文本生成图像、语音转文字、视频分析等操作。
- **推荐系统模型**：专注于为用户推荐符合其喜好的内容。利用用户的行为数据和兴趣偏好进行个性化推荐。代表模型有DeepFM、Transformer4Rec等。常用于电商、流媒体、社交平台的内容推荐。
- **专用领域模型**：为特定行业和任务设计的大模型。其模型更加专业化，性能更高。代表模型有AlphaFold（用于蛋白质结构预测）、MedPaLM（用于医学问答系统）等。常用于医疗诊断、金融分析、科学研究类专业领域。

1.3.4 国内主流大模型

国内有很多优秀的大模型，例如文心一言、智谱清言等。与国外流行的一些大模型相比，这些模型会遵循我们自己的语言使用习惯和理解方式，生成的内容更贴合实际需求。

1. 文心一言

如图1-5所示，文心一言工具是百度公司推出的一款基于人工智能技术的自然语言处理工具，能够高效地理解和处理文本数据，提升语言任务的性能。它是百度公司在多模态、跨领域以及知识增强领域的领先产品。其模型特点如下。

图1-5

- 支持文本生成、对话问答、知识问答、内容创作等功能。
- 采用知识增强技术，将大语言模型和知识图谱结合，生成内容更为精准。

2. 智谱清言

如图1-6所示，智谱清言大模型是由智谱AI团队开发的中英双语对话模型，基于GLM大模型架构，旨在提供高效、通用的"模型即服务"AI开发新范式。它在中文问答和对话方面经过了深度优化，能够生成文本、翻译语言、编写不同风格的创意内容，并能回答用户的各种问题。其模型特点如下。

图 1-6

- 支持连续多轮的自然对话，能够根据上下文理解用户的问题，并提供相应的回答。
- 具备庞大的知识库，能够回答各类问题，从科学知识到生活常识，覆盖广泛。
- 能够生成多种类型的文本，包括新闻报道、小说、诗歌、代码等，满足不同创作需求。
- 可根据用户需求进行个性化定制，打造专属的AI助手。
- 具备复杂的推理和决策能力，帮助用户解决问题。

3. 讯飞星火

如图1-7所示，讯飞星火大模型是由科大讯飞公司推出的新一代认知智能大模型。它能够与用户进行自然的对话互动，并在对话中提供内容生成、语言理解、知识问答、推理等多方面的服务。

图 1-7

与其他模型相比，讯飞星火在语音识别和语音合成领域表现突出，能够提供准确且自然的语音交互体验。其模型特点如下。

- 通过长按提示词输入的语音按钮，将语音实时转换为文字并发送。适用于需要频繁输入提示词的场景。
- 支持文本朗读功能，单击"播放"按钮听取语音回答。同时还提供不同发音人的切换选项，以满足用户的个性化需求。
- 支持多模态功能，包括数学公式识别。对于数学题目，它可以识别图片中的考题，并给出正确答案。
- 提供包括生活、职场、营销、写作等多场景的智能助手。用户可输入"@"快速调用这些助手，可以完成编写PPT大纲、写文案、整理周报、编故事等任务。
- 具备开放式知识问答的能力，可以进行逻辑和数学能力升级，以及实现多轮对话能力。

4. 通义千问

通义千问大模型是阿里巴巴公司推出的一款先进的人工智能问答系统，具备广博的知识、高效的实时响应和持续学习能力。它强大的知识检索能力使其能快速从海量数据中找到相关信息，如图1-8所示。其模型特点如下。

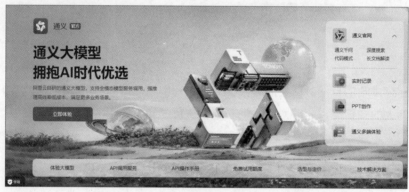

图 1-8

- 内置庞大的知识库，涵盖生活、科技、文化、历史、体育等多个领域，提供准确的信息和答案。同时，动态更新知识库，确保提供的信息是最新的。
- 支持单轮问答、多轮问答、相似问题检索等多种问答模式。能够与用户进行连贯的对话交流，理解对话上下文，满足不同场景下的问答需求。
- 可处理和生成多种语言的内容，实现跨语言的沟通与信息获取。

除了以上介绍的4款大模型外，还有其他一些好用的模型，例如豆包、即梦AI、腾讯元宝、Kimi、秘塔等，这些模型各有所长，其中Kimi与文心一言相似，在通用能力方面表现突出，能够应对广泛的语言处理任务；豆包、秘塔和腾讯元宝在各自的专业领域（如特定行业知识、隐私保护、游戏AI）有独特的优势。这些模型反映了我国人工智能技术的快速进步，也展示了不同研究方向和应用领域的多样性。这些模型仍在不断优化，弥补各自的不足，为用户提供更智能、更全面的服务。

1.4 AIGC概述

AIGC的全称为Artificial Intelligence Generated Content，是指通过人工智能技术自动生成各种内容的技术和应用。它可生成文本、图片、音频、视频，甚至是程序代码，是人工智能技术发展的重要方向之一。本节将对AIGC相关的内容进行介绍。

1.4.1 认识AIGC

AIGC是继PGC（专业生成内容）和UGC（用户生成内容）之后的一种新型内容生成方式，由人工智能系统自动生成或辅助生成内容。它依赖于深度学习模型，如自然语言处理、生成式对抗网络、变换器等核心技术。

AIGC与人工智能技术之间有着紧密的联系，但又有各自的特点。人工智能为AIGC提供底层技术的支持，AIGC则利用这些技术来实现解决内容生成问题的具体方式。AIGC与人工智能的区别如表1-1所示。

表1-1

对比项	AIGC	人工智能
应用范围	专注于内容生成。如文字、图像、视频等	应用广泛，包括医疗诊断、自动驾驶、智能客服、数据分析等
目标导向	偏向于创造力，能生成具有艺术性和实用性的内容	模拟智能行为，通过学习和推理解决问题
技术重点	主要依赖生成类技术。如生成式对抗网络和基于模型技术	涵盖范围广，包括监督学习、强化学习、自然语言处理、图像识别等
应用体验	注重用户体验，强调生成内容的美观性、逻辑性和情感共鸣	注重应用结果的准确性和效率

AIGC技术刷新了传统办公的工作模式，提高了办公效率，同时也为很多创造性任务带来了全新的可能性。该技术特点如下。

- **自动化**：AIGC能够在短时间内快速生成大量的文本、图像、音频和视频等内容。这种自动化方式提高了内容创作的效率，使创作者可更专注于创意和策略方面的工作，而将具体的实现过程交给机器来完成。
- **创意性**：不仅能模仿人类的创作风格，还能通过学习和分析大量数据，提取出其中的规律和趋势，从而生成具有独特创意的作品。
- **表现力**：通过先进的算法和模型，将抽象的概念和想法转换为具体的内容形式。无论是文本、图像还是音视频内容，AIGC都能够以高质量的形式呈现出来。
- **迭代性**：通过不断接收用户的反馈和数据，AIGC能够不断地调整和优化自己的生成算法和模型，从而提高生成内容的质量和准确性。

1.4.2 AIGC的发展

AIGC技术从20世纪50年代的萌芽阶段到现在的快速发展阶段，经历了从实验性应用向实用性转变的过程。随着技术的不断进步和应用场景的拓展，AIGC将在更多领域发挥重要作用，并深刻改变人们的工作方式和生活方式，图1-9所示是AIGC发展历程示意图。

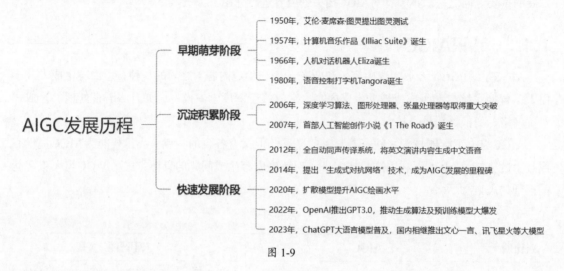

图 1-9

1.4.3 AIGC的应用领域

AIGC技术在多个领域展现了它强大的应用潜力和实际价值。它不仅提高了人们的工作效率和生产力，还推动了各领域的创新和发展。

1. 内容创作与媒体

- **新闻和文章撰写**：AIGC可以自动生成新闻稿、博客文章、社交媒体内容等，帮助新闻机构和内容创作者提高了生产效率。
- **广告创意**：自动生成广告文案、宣传海报、视频脚本等，适应不同的营销需求。
- **视频内容生成**：基于AI的自动化视频创作，可生成短视频、广告视频等，甚至可通过文字或图像生成完整的视频内容（如DeepFake技术）。
- **虚拟主播与播报员**：基于AIGC生成虚拟人物进行新闻播报、直播等，提升内容生产的灵活性与互动性。

2. 图像与设计

- **图像生成与编辑**：利用生成式对抗网络和其他深度学习技术，AIGC可以生成高质量的图像、插画和艺术作品，满足设计师和艺术创作者的需求。
- **自动化设计**：根据用户需求自动生成网页设计、标志设计、包装设计等，减少人工设计的工作量。
- **图像增强与修复**：对低分辨率的图像进行高清化处理，或修复损坏的照片，应用于图像重建和优化领域。

3. 教育培训

- **个性化学习**：根据学生的学习进度和兴趣，AIGC可以定制个性化的教材、练习题、解题步骤等，提升教育效果。
- **虚拟教师与教学助手**：可用于创建智能虚拟教师，提供个性化辅导，答疑解惑，或者帮助教师进行作业批改与评估。
- **自动化考试与评估**：自动生成考试题目及评估学生答案，减轻教师的工作负担。

4. 游戏与娱乐

- **游戏内容创作**：自动生成游戏剧情、关卡设计、角色设定等，提升游戏开发的效率和创意空间。
- **虚拟角色与NPC生成**：自动生成虚拟角色的对话、行为模式和情节，丰富游戏的互动性。
- **音效和音乐创作**：可以生成背景音乐、音效和游戏音频，增强游戏的沉浸感。

5. 商业与营销

- **产品推荐与个性化营销**：可分析用户行为，生成个性化的广告和推荐内容，提升广告的点击率和用户转化率。
- **市场分析报告**：可根据数据生成市场分析报告、趋势预测等，为用户决策提供支持。
- **社交媒体管理与内容优化**：可生成社交媒体帖子、图文内容，优化发布策略，提升品牌影响力。

第2章
AIGC简化应用文写作

AIGC技术以其高效、便捷的特点，为应用文写作带来了全新的创作方式。从商业计划书到求职简历，从公文通知到活动策划，AIGC不仅能够快速生成符合场景需求的文本，还能根据用户输入进行智能调整，大幅提升写作效率和质量。本章从人机交互和应用文写作方法入手，介绍AIGC在应用文写作领域的应用。

2.1 应用文写作的基础

在日常工作或学习中经常会用到应用文，无论哪种类型的应用文，都需要写作者具备清晰的逻辑和写作技巧。本节针对应用文的一些基本写作方法进行介绍。

2.1.1 应用文的种类和特点

应用文是一种实用性强、功能明确的文体，常用于表达具体的事务性内容。根据内容、目的、性质、特点、使用范围、格式的不同，有多种不同的文风。

- **公文**：公文是一种特殊的应用文，是政府、企事业单位用于处理公务的重要文书，包括决定、通告、议案、通知、请示、意见、报告等。公文具有较强的规范性和权威性，其格式严谨、语言精炼、条理清晰。
- **事务性应用文**：指国家机关、社会团体、企事业单位处理内外部事务时使用的一种文书，包括计划、总结、会议记录、简报、调查报告等。事务性应用文的内容具体、条理清晰、语言简明扼要，强调实用性和可操作性。
- **宣传性应用文**：指用于宣传、报道、鼓动、介绍的应用文，包括新闻稿、广播稿、演讲稿、解说词等。宣传性应用文强调感染力和说服力。
- **日常应用文**：指单位和个人在日常生活中所使用的各种应用文，包括一般书信、感谢信、邀请函、请假条等。日常应用文具有普遍性和灵活性。其语言得体、情感真挚，注重具体情况的表达。
- **经济应用文**：指企事业单位处理各类经济事务时所使用的文书。包括经济合同、协议书、财务报告、招标书、投标书、市场预测报告等。经济应用文具有较强的专业性和实用性。语言逻辑严密、数据翔实、内容条理清晰。
- **学术应用文**：用于表达学科学术研究成果的应用文，包括实验报告、学术论文、毕业论文等。学术应用文具有专业性和逻辑性，内容科学严谨、结构规范清晰。
- **礼仪应用文**：指一种带有礼仪色彩的应用文，包括欢迎词、请柬、聘书、贺信、贺词等。礼仪应用文较注重形式感和情感表达，其语言优雅、情感真挚。
- **法律应用文**：一种特殊的文种，是法律事务中所使用的文书，包括起诉书、辩护词、申诉状等。法律应用文内容严谨、语言规范、术语精准、条理清晰，并具有法律效力。

2.1.2 应用文写作的基本要求

在进行应用文写作时，需遵循一定的规范和要求，以确保信息能清晰、有效地传达。

1. 有明确目的

应用文写作需始终围绕目的展开。每种应用文都有其特定的功能。例如，通知用于传达信息，求职信用于展示个人能力并争取机会。因此，作者应明确应用文的使用场景和目的，并确保所有内容紧密围绕这一目的展开。模糊或偏离主题内容，就会削弱应用文的实用性和可读性。

2.结构清晰，逻辑严密

清晰的结构是应用文写作的核心要求。应用文通常采用逻辑分明的段落设计，常见结构包括开头、主体和结尾。开头需交代背景和目的，主体要详细说明事务内容或执行流程，结尾总结并提出期望或建议。良好的段落组织有助于读者快速抓住重点，提高阅读效率。

在撰写一些学术报告类应用文时，除了有清晰的结构外，其内容在逻辑上一定要严谨，不能出现漏洞，否则读者难以理解，甚至会怀疑作者的专业性。在写作时应注意论据充分、推理合理，并根据内容的重要性安排先后顺序，以提高说服力和可信度。

3.语言简洁，注意语境

应用文注重语言的实用性，避免冗长或复杂的表达。语言应做到简洁明了，用词精准，以便读者快速理解。此外，应用文的语气也需根据目标对象和具体的语境进行调整。例如，向上级领导汇报的报告语气应正式，强调数据和事实，面向客户的宣传文案则应更具吸引力和互动性。

4.内容完整，格式规范

完整性是应用文写作的基本要求之一，文章内容应覆盖相关信息，不得遗漏关键细节。否则可能导致信息传递不畅甚至引发误解。不同类型的应用文有固定的格式要求，遵守格式规范是写作的重要环节。例如，公文需要严格按照规定的版式编写，包括标题、主送机关、正文和落款等部分；而求职信则需包含称呼、正文和署名等内容。正确的格式不仅能体现作者的严谨态度，还能提升文章的可读性和作者的专业形象。

5.注意文化与礼仪

在进行跨文化交流时，应用文需要兼顾不同文化背景的礼仪规范。例如，在撰写一封商务邮件时，不同文化可能对称呼、语气和措辞有不同的要求。尊重文化差异，符合礼仪规范，能够增加邮件的接受度和影响力。

2.1.3 AIGC的写作优势

与传统应用文写作相比，运用AIGC技术辅助写作，可大大提升写作效率和效果。以下为AIGC应用文写作的核心优势。

1.快速生成完整文档

AIGC依托强大的算法和模型训练能力，可以在短时间内根据需求快速生成完整的应用文内容。通过输入提示词或提供基本背景信息，即可获得一份初步文档。例如，在撰写会议记录时，用户只需输入会议主题和主要议题，AIGC即可自动生成条理清晰的记录内容。相比传统的手动撰写，AIGC大幅缩短了创作时间，尤其在时间紧迫的工作环境中优势尤为明显。

2.即时修改内容和语言风格

AIGC具有高度的灵活性，能根据需求即时调整内容结构或语言风格。例如，一封求职信可以针对不同的公司和岗位快速修改重点内容，同时调整语气以适应所需的语境。用户也可以通过更改输入提示词，重新生成符合特定需求的文档版本。这种灵活性使得AIGC在需要个性化和多样化的写作场景中非常实用，满足了用户不断变化的写作需求。

3. 提供多种表达方式

通过海量的语料库训练，AIGC可以提供多种表达方式和写作参考。无论是正式的商业报告，还是轻松幽默的宣传文案，AIGC都能生成符合风格要求的内容。这种多样化的参考极大地丰富了用户的选择空间，提高了文章的质量。

4. 启发写作灵感

很多人在写作时面临"难以起笔"的困境，尤其是需要创造性表达的应用文（如广告文案或宣传材料）。AIGC通过生成初步内容，为用户提供灵感和写作框架。例如，在撰写商业策划书时，AIGC不仅能提供结构清晰的内容框架，还能补充相关行业数据、市场分析和实施方案建议，帮助用户快速切入主题，提升创意效率。即使用户不直接采用生成的内容，也可从中获得启发，优化自己的写作思路。

2.1.4 AIGC的写作流程

合理安排AIGC写作流程可以得到更切合实际需求的文章内容。AIGC的写作流程如图2-1所示。

图 2-1

（1）提供明确的提示词。在写作前，需要清晰定义写作需求和目标。用户应提供明确的提示词，包括文章主题、写作背景和内容框架。例如，在撰写求职信时，应说明目标岗位、个人优势和求职动机。提示词越详细，生成的内容越贴近需求。

（2）审核生成的文章。AIGC生成的内容未必完全准确。因此，用户必须对生成内容进行全面审查，确保其内容的准确性。例如，在撰写商业计划书时，需核对市场数据是否真实、逻辑是否合理，避免使用可能存在偏差的内容。此外，还需检查语言表达是否符合目标读者的期待，避免产生歧义或误解。

（3）人机协作优化文章。人机协作是写作中的关键环节。AIGC生成的内容通常为初稿，用户应将生成的内容作为基础，融入个人的思想与个性化表达。同时，还需要对内容进行细致改进，包括调整语言风格、补充内容细节、设置规范的文章格式等，以满足实际需求和写作目标。

使用AIGC写作需要注意，AIGC只能作为辅助工具，具体还要以作者的主观意识为主。不要过度依赖工具，以免违背了作者的真实情感和个性化表达。

2.2 与AIGC进行高效交互的技巧

与AIGC进行高效交互的关键在于提示词的输入和优化。提示词是用户与AI交流的核心手段，优质的提示词能够提升生成内容的准确性、相关性和质量。

2.2.1　什么是提示词

提示词是用户与AIGC互动的核心工具。通过输入提示词，用户可以向AIGC表达任务需求，并定义期望的输出内容和风格。提示词就像一组指令或问题，直接影响生成结果的方向、质量和表现形式。

提示词可以是一个简单的问题，一段详细的任务描述，也可以是一组指令，这取决于用户的具体需求。

简单的提示词：在撰写求职信时需要注意哪些方面？

详细的提示词：请为计算机专业应届毕业生撰写一封求职信，申请AI工程师职位，需突出团队协作能力和研究项目成果。

提示词根据任务复杂性和目标内容的不同，分为以下几种类型。

- **开放式提示词**：这类提示词提供广泛的任务方向，让AI自由发挥，例如"描述未来城市生活的画面"。适合需要创意性内容的场景。

- **封闭式提示词**：封闭式提示词指向明确的任务目标，例如"列出绿色能源的五大优势"。适合信息性和结构性较强的内容需求。

- **分步提示词**：将复杂任务分解为多个步骤。例如，撰写策划书可以分为"生成背景分析""制定实施方案""撰写结论部分"等。

- **情景化提示词**：通过设置场景帮助AI更准确地生成内容。例如，"假设你是一家机械公司的人事主管，请你为一名即将毕业的机械设计专业的学生撰写一封求职信"。

2.2.2　提示词的设计原则

优质的提示词生成的内容会更贴合实际需求。所以在输入提示词时可遵循以下四点原则。

1. 清晰明确

提示词必须明确表达需求，避免使用模糊或冗长的语言。例如，提示词为："**写一篇文章**"。生成的内容可能过于宽泛。不如将其改为："**撰写一篇关于绿色环保的重要性，且面向高中生的宣传文章**"会更好。

2. 提供文章背景信息

提供足够的背景信息和细节，包括目标受众、写作目的、风格要求等，可以帮助AIGC更好地理解提示词，并生成符合情景的文章内容。例如，在要求AIGC撰写商业提案时，可以补充"目标客户是中小企业，重点突出产品的性价比和实用性"。

3. 避免提示词有歧义

提示词应易于理解，不要使用带有歧义的提示词，例如"**这种说法不太好（哪里不好）**""**内容不要太长（要多长）**"等。这种情况会导致生成的内容无法满足预期，甚至偏离主题。所以提示词要准确。例如，"**请介绍一下AIGC技术对绘画领域的影响，300字以内**"。

4. 复杂问题分步完成

当需要处理一些相对复杂的问题时，如果直接提出可能得到的回答不够全面或条理不清，这就需要将复杂的任务分解为多个小提示词分步完成。

例如，需要AIGC给出一份完整的创业计划书时，如果输入**"请撰写一份创业计划书"**提示词，那么AIGC生成的内容可能会非常笼统。此时，可将该提示词分解为**"生成市场调研报告""设计产品优势描述"**或**"制定详细财务计划"**等这类小提示词进行分步提问，相信生成的内容会更精准。

2.2.3 提示词优化方法

有了初始提示词后，AIGC生成的内容可能不会完全符合预期，这就需要对提示词进行优化，以便生成高质量的内容。

1. 逐步完善

根据AIGC生成的初稿逐步调整提示词，以改进输出结果。用户可在每次生成后，审查内容与需求的匹配度，明确不足之处，并对提示词进行修改和补充。下面举例说明。

初始提示词：撰写一封公司年会邀请函。

生成的内容可能比较简单。缺乏时间、地点和具体活动的说明。

优化提示词：撰写一封公司年会邀请函，包含以下信息：时间为2025年1月15日，地点为公司总部礼堂，活动内容包括颁奖仪式、互动游戏和晚宴三个环节，语气需正式且热情。

2. 精炼提示词

提示词内容过于冗长或复杂时，可能导致AIGC难以抓住核心要求。精炼提示词可以剔除多余信息，突出重点，提升生成效果。用户可删除提示词中不必要的修饰词，保留核心信息，让任务指令更加明确。下面举例说明。

初始提示词：撰写一篇适合年轻人阅读的关于时间管理的励志文章，内容要有吸引力，并且要有具体的例子，文章不要太长。

优化提示词：为年轻人撰写一篇关于时间管理的励志文章，需包含具体例子，篇幅800字以内。

优化后，提示词则更简洁，任务更明确，生成内容也更符合预期。

3. 加入示例引导

提供具体的参考模板或示例有助于AIGC更准确地理解任务目标，生成的内容更贴合需求。用户可在提示词中加入类似的示例，引导生成具有相同结构或风格的文章内容。下面举例说明。

初始提示词：撰写一份关于员工奖励的通告。

生成的内容空洞，缺乏具体的奖励内容。

优化提示词：请根据以下提供的示例，撰写一份员工奖励通告。示例为：公司决定对销售部员工李×进行奖励，奖励原因是其在2024年度业绩额突破100万元。奖励方式为现金奖励30000元，特此通告。

加入示例后，AIGC会模仿示例中的语言风格和格式，生成一份结构清晰、语气正式的奖励通告。

4. 分步式输入

将复杂任务分解为多个子任务逐步完成，能有效避免生成内容的逻辑混乱或要点缺失。用户可按逻辑顺序拆分任务，分别生成后再进行整合。

例如，假设需要AIGC撰写一份商业计划书，可通过以下方式进行操作。

提示词1： 撰写商业计划书的市场分析部分，需包括目标市场、市场规模及竞争分析。

提示词2： 生成商业计划书的财务预测部分，需包括收入预测、成本分析和盈利能力。

提示词3： 撰写商业计划书的执行方案部分，需列出具体实施步骤。

分段生成的内容更加完整且逻辑清晰，最终整合为一份专业的商业计划书。

动手练 生成一篇园林解说词

下面以"苏州园林解说词"为例，通过分步式输入的方法展示如何利用文心一言模型生成优质解说词的操作。

确定任务目标并分解内容结构。苏州园林的解说词通常包括以下几点。

- **总述：** 苏州园林的历史背景及总体特点。
- **具体特色：** 代表性园林及其独特设计。
- **文化价值：** 园林的历史文化和艺术意义。

根据分解的结构输入提示词，生成总述部分内容。

提示词： 写一段关于苏州园林的概述。需包含其建造背景和总体特点，语言生动、适合游客解说使用。

生成内容如下（节选）。

> 欢迎各位游客来到苏州，这里有着令人叹为观止的古典园林。苏州园林的建造背景可以追溯到春秋时期，当时吴国在此建造了大量的台榭宫殿，为苏州园林的起源奠定了基础。随着历史的发展，苏州成为全国文化中心之一，文化艺术得到了空前的发展，这也为苏州园林的繁荣打下了坚实的基础。
>
> 苏州园林的总体特点，在于注重自然美与人文美的和谐统一。这里的园林并非简单地模仿自然，而是追求一种与自然相融合的审美体验。步入苏州园林，你会感受到如山水画卷般的美景，山水、建筑、植物等要素都被巧妙地融合在一起。
>
> 山水之美，是苏州园林的一大亮点。园中的山多以土为主，通过精妙的手法塑造出层次丰富的景致。水则多以河流、池塘等形式出现，使整个园林呈现出一种灵动之美。漫步在园林的小径上，你可以欣赏到清澈的水流、潺潺的瀑布，仿佛置身于一处世外桃源。
>
> 建筑之美，同样令人赞叹。苏州园林中的建筑多以古朴典雅为特色，与自然环境和谐共存。这些建筑不仅具有极高的观赏价值，还充分考虑了实用性。无论是休息、观赏还是居住、办公，这些建筑都能满足你的需求。
>
> ……

输入"具体特色"的提示词，生成该部分内容。

提示词：详细介绍苏州园林中具有代表性的拙政园和留园，描述其独特设计和布局，适合用于旅游解说。

生成内容如下（节选）。

欢迎各位游客来到苏州，这座拥有着无数古典园林的美丽城市。今天，我将为大家详细介绍两座具有代表性的苏州园林——拙政园和留园，它们各自拥有独特的设计和布局，让人流连忘返。

首先，我们来到的是拙政园。拙政园被誉为"江南园林之最"，始建于明代正德年间，由苏州太守王献臣所建。全园总面积4.1公顷，分为东、中、西三部分，其中以中部的拙政园最为经典。拙政园的设计巧妙，将自然景观与人工建筑完美融合，园内山水、植物、建筑、雕塑相得益彰，呈现出浓厚的江南水乡风情。

步入拙政园，你会被这里的水景所吸引。园内的池塘纵横交错，水面宽广，点缀着亭台楼阁、假山小桥，给人一种宁静致远的感觉。这些水流弯曲自然，巧妙地分隔了园区的不同景致，使人仿佛在不经意间进入了一个梦幻的世界。拙政园中的假山同样令人叹为观止，它们高低错落、布局巧妙，给人一种步步惊喜的感觉。而园内的建筑风格简洁典雅，与自然环境和谐融合，最具代表性的建筑是"拙政阁"，这座二层楼阁坐落于池塘中央，以其高雅的设计和对称的结构成为园林的焦点。

接下来我们来到的是留园。留园作为中国四大名园之一，坐落在苏州的阊门外下塘。留园分为中、东、西、北四个景区，每个景区都有其独特的魅力。中部以山池为主，东部以建筑庭院为主，西部环境优雅清静，北部则有竹篱小屋的乡村田园风味。

……

输入"文化价值"的提示词，生成该部分内容。

提示词：说明苏州园林的文化价值，包括其在历史、艺术和文化传承方面的意义，适合解说词场景。

生成内容如下（节选）。

欢迎各位游客，今天我们将一同探索苏州园林，这些不仅是自然与建筑和谐共生的典范，更是承载着深厚历史、艺术与文化传承的宝贵遗产。

首先，从历史的角度来看，苏州园林是中国古代园林艺术的杰出代表，它们的建造历史可以追溯到春秋战国时期，历经唐宋元明清各代的不断发展和完善，形成了今天我们所见的独特风貌。每一座园林都如同一部活生生的历史书，记录着不同朝代的政治、经济、文化变迁，以及文人墨客的生活情趣和审美追求。例如，拙政园、留园等名园，不仅见证了明清时期江南地区的繁荣，也反映了当时士大夫阶层对于自然美、生活美的不懈追求。

在艺术方面，苏州园林被誉为"立体的山水画，无声的诗篇"。它们将中国传统的山水画技法融入园林设计之中，通过借景、对景、分景等手法，营造出"虽由人作，宛自天开"的艺术效果。园林中的每一块石头、每一株植物、每一座建筑，都经过精心挑选和布局，旨在达到"天人合一"的至高境界。此外，园林中的书法、绘画、雕刻等艺术形式，更是将中国传统文化的精髓展现得淋漓尽致，让人在游览中感受到浓厚的艺术氛围。

在文化传承方面，苏州园林不仅是物质文化遗产，更是非物质文化遗产的重要载体。它们承载着中国古代的园林文化、建筑文化、诗词文化、书画文化等多种文化形态，是中华文明的瑰宝。园林中的每一处景致、每一块碑刻、每一幅对联，都蕴含着丰富的文化内涵和深刻的人生哲理，对于传承和弘扬中华优秀传统文化具有重要意义。

......

整合优化以上生成的内容即可。

提示词：将以上"总述""具体特色"和"文化价值"内容按逻辑顺序整合优化为一段连贯的解说词，并进行语言润色。适用于解说词场景。

生成内容如下。

欢迎各位游客，今天我们将共同踏入一场穿越千年时光的旅行，探索苏州园林——这片集深厚历史底蕴、卓越艺术成就与丰富文化传承于一体的瑰宝之地。

苏州园林，自春秋战国起，便如同一颗璀璨的明珠，镶嵌在江南的锦绣画卷上，见证了这片土地的繁荣与文化的演进。历经唐宋元明清各代的洗礼，拙政园与留园，这两座中国古代园林艺术的巅峰之作，犹如两颗明珠交相辉映，展现了中华园林文化的博大精深。拙政园，以其宁静致远的水景、错落有致的假山与典雅古朴的建筑，营造出一种"虽由人作，宛自天开"的艺术境界，让人仿佛置身于一幅流动的山水画中。而留园，则以宏大的规模、精巧的布局与丰富的景致，将"咫尺之内再造乾坤"的园林理念诠释得淋漓尽致，每一处景致都充满了惊喜与想象。

在艺术领域，苏州园林更是被誉为"立体的山水画，无声的诗篇"。它们将中国传统山水画的技法融入园林设计，通过借景、对景、分景等精妙手法，将自然之美与人工之巧完美融合，营造出一种超越自然的艺术境界。园林中的每一石、每一木、每一建筑，都经过匠人的精心雕琢与布局，旨在达到"天人合一"的至高境界。书法、绘画、雕刻等艺术形式在这里交相辉映，共同编织出一幅幅中华文化的华美画卷，让人在游览中感受到浓厚的艺术氛围与文化深度。

更为珍贵的是，苏州园林不仅是物质文化遗产的瑰宝，更是非物质文化遗产的重要载体。它们承载着中国古代的园林文化、建筑文化、诗词文化、书画文化等多种文化形态，是中华文明的重要组成部分。园林中的每一处景致、每一块碑刻、每一幅对联，都蕴含着丰富的文化内涵与深刻的人生哲理，是传承与弘扬中华优秀传统文化的宝贵资源。作为世界文化遗产，苏州园林不仅属于中国，更属于全人类，它们以其独特的魅力，吸引着世界各地的游客前来参观学习，成为中外文化交流的重要桥梁，共同促进文化的多样性与交流互鉴。

让我们一同走进苏州园林，用心感受这份跨越千年的文化之美，体验那份"人在画中游"的诗意生活，共同守护与传承这份宝贵的文化遗产，让这份璀璨的文化之光继续照耀着人类文明的进程，让苏州园林的美，成为我们心中永恒的风景。

2.3　AIGC应用文写作方法

本节将以常见的应用文体为例，介绍AIGC辅助写作的具体方法。所用的AIGC模型为文心一言工具。

2.3.1　通知与公告

通知与公告是行政机关、企事业单位在履行其职能时常用的一种信息传递方式。它们是按照规定的程序和格式制作并发布的文件，用于传达政策、指示、要求或向社会公众公布重要事项。

1. 通知

通知是一种用于传达信息、告知消息的行文形式，通过文字、口头或其他形式，向特定的个体、群体或公众发布重要的、有关事务的消息和指示。通知具有多样性、时效性和受文对象明确性三个特点：

- **多样性：** 可用于传达指示、布置工作、发布规章、批转文件、干部任免等。
- **时效性：** 发文内容需及时让受文对象知晓。
- **受文对象明确性：** 有明确的受文对象。通知具有下行文特点，在隶属关系的系统内自上而下地发布带有明确指示性的文件。

使用AIGC辅助撰写通知文书的流程如下。

（1）确定通知内容和目标人群。明确事件、时间、地点和目标人群等关键信息。

（2）输入基础信息。列出关键要素，如事件主题、时间、地点、参与人数，以及具体要求或注意事项。将这些要素整理成清晰的条目，输入AIGC工具中。

（3）选择合适的模板或提示词。如果AIGC工具支持模板，可选择"通知"类型的模板。如果没有模板，就需要输入相关提示词。

例如，**请帮我写一份关于×××的通知，内容如下。**

标题： 如"关于做好2025年春节期间有关工作的通知"。

时间、地点、参与人员： 事件的时间、地点及受众人群。

具体要求及注意事项： 包括事件背景、安排及要求。

落款： 发文机关和发文时间（通知单位及时间）。

（4）生成初稿。审核并调整生成的内容。审核内容包括：标题段落是否清晰、语气是否恰当、内容是否还需补充，比如联系方式或附件信息等。

（5）编辑导出。将调整后的通知内容进行输出，并导出所需的文件格式。

动手练 **生成关于劳动节放假的通知**

下面使用文心一言工具，生成××院校关于劳动节放假的通知文档。

打开文心一言，输入以下提示词。

请根据提供的信息，使用正式且规范的语气生成一份劳动节放假安排通知。

标题：关于2025年劳动节放假安排的通知。

发文机关：××学院办公室。

主送机关：全校师生。

成文日期：2025年4月21日。

通知内容：放假时间5月1日（星期四）至5月5日（星期一），共5天。5月5日（星期一）课程及工作安排调整至4月27日（星期日）。

工作要求：①放假期间务必安排专人值班，并于4月29日18：00前将值班表发送至行政老师邮箱；②做好安全教育工作；③自觉做到廉洁自律。

生成内容如下。

关于2025年劳动节放假安排的通知

发文机关：××学院办公室

主送机关：全校师生

成文日期：2025年4月21日

尊敬的全校师生：

根据国家法定节假日安排，结合我校实际情况，现将2025年劳动节放假安排通知如下。

一、放假时间

劳动节放假时间为2025年5月1日（星期四）至5月5日（星期一），共计5天。

二、课程及工作安排调整

为确保教学活动有序进行，5月5日（星期一）的课程及工作安排调整至4月27日（星期日）。请各教学单位及部门提前做好相关调整，确保师生顺利衔接。

三、工作要求

（1）值班安排：放假期间，各学院、各部门务必安排专人值班，确保节日期间学校各项工作的正常运行。请于4月29日18:00前将值班表发送至行政老师邮箱（邮箱地址：xxxx@xx.com），以便统筹协调。

（2）安全教育工作：各部门需加强安全教育，提醒师生注意人身安全、财产安全，遵守疫情防控相关规定，确保度过一个平安、祥和的节日。

（3）廉洁自律：全体教职工应自觉做到廉洁自律，严禁利用节日之机收受礼品礼金，树立良好的师德师风。

请全校师生根据放假安排提前做好相关准备，确保假期平稳有序。祝大家劳动节快乐，阖家幸福！

特此通知。

××学院办公室

2025年4月21日

对生成的通知内容进行修改，并设定好文档格式。

2. 公告

公告是国家机关向人民群众公布政策法令，宣布有关重要事项和重大事件的文件。属于公开宣布的告晓性公文,主要用于公布宪法、国家重要领导人出访、任免、逝世以及其他一些国家重大事项等,通常在报纸、电视台、广播电台等新闻媒体进行发布。

公告具有公开性、告知性和权威性三个特点。

● **公开性:** 通过新闻媒体向国内外发布,其内容和传播方式具有公开性。

● **告知性:** 发布的目的是让公众了解告知的事项,从而依据公告内容贯彻执行有关事项。

● **权威性:** 制发单位被限制在国家高层领导机关及政府职能部门,地方基层机关、社会团体、企事业单位无权发布公告。

使用AIGC辅助撰写公告的流程与通知相似,具体流程如下。

(1)明确公告需求。明确公告的性质(正式声明、政策更新等)、目标受众(公众或特定群体),以及关键信息(背景信息、具体事项、执行日期等)。

(2)选择现有模板或输入提示词。如工具中有现成模板,可选择"公告"模板输入关键信息。如没有,则需输入清晰具体的提示词来描述需求。

例如:请生成一份关于××的公告,内容包括以下信息。

● **标题:** 如"关于2025年关税调整方案的公告"。

● **公告内容:** 包括背景、主要事项、执行时间等。

● **补充信息:** 如联系方式、附件说明等。

(3)生成公告初稿,审核并优化初稿内容。在审核时需确认内容是否准确、完整;语气是否符合要求;格式是否正确等。

动手练 生成关于确定国家5A级旅游景区的公告

下面使用文心一言工具生成"关于确定19家旅游景区为国家5A级旅游景区"的公告。

打开文心一言,输入以下提示词。

请根据提供的信息,生成关于确定国家5A级旅游景区的公告。内容包括:

标题:文化和旅游部关于确定19家旅游景区为国家5A级旅游景区的公告。

发文机关:文化和旅游部。

成文日期:2025年××月××日。

主要内容:经有关省、自治区、直辖市文化和旅游行政部门推荐,以下19家旅游景区正式确定为国家5A级旅游景区。名单如下:

① 河北省衡水市××旅游景区

② 山西省太原市××旅游景区

③ ……

格式要求:语言需简明扼要,突出关键内容,语气正式且规范。

生成内容如下。

> **文化和旅游部关于确定19家旅游景区为国家5A级旅游景区的公告**
>
> 为深入贯彻落实《中华人民共和国旅游法》和《旅游景区质量等级管理办法》,进一步提升我国旅游景区服务质量和国际影响力,根据有关省、自治区、直辖市文化和旅游行政部

门的推荐，经严格评定，正式确定以下19家旅游景区为国家5A级旅游景区，现予以公布：

① 河北省衡水市××旅游景区

② 山西省太原市××旅游景区

③ ……

（后续景区名称及所在省份略，实际公告中详细列出其余17家旅游景区）

上述景区要以此为契机，持续加强管理水平，提升服务质量，充分发挥示范引领作用，为推进我国文化和旅游事业高质量发展作出积极贡献。

特此公告。

文化和旅游部

2025年××月××日

对生成的内容进行优化调整，并设置好文件格式。

2.3.2 计划与总结

计划与总结均属于事务性应用文。与公文相比，事务性应用文没有格式上的严格要求，相对比较灵活，方便操作和书写。

1. 计划

计划是组织或个人对今后一段时间内的工作、活动作出预想和安排，并给出任务指标的一种事务性文书。计划类文书包含规划、设想、方案、安排等。计划一般具有针对性、目标性、可行性和预见性四个特点。

- **针对性**：计划是根据党和国家的方针、政策和有关的法律法规，针对本系统、本部门的实际情况制定的。
- **目标性**：计划要明确表达组织的目标和任务，以及实现目标所需的资源和实施的方法。
- **可行性**：在制定计划时，往往要经过充分的论证和讨论，确保计划的可行性。
- **预见性**：计划是在采取行动之前制定好的，具有一定的预见性。

使用AIGC辅助撰写计划类文章流程如下。

（1）确定计划目标。明确计划的目的和类型，如年度工作计划、活动实施计划、项目推进计划等。

（2）关键信息整理。准备计划的基本信息，并作为提示词输入到AIGC工具中以作参考。提示词需全面且清晰。

例如，请生成一份年度工作计划，内容包括：

① 计划名称：如"部门年度工作计划"。

② 目标与重点：总体目标与核心目标。

③ 实施步骤：分阶段或按内容划分的实施措施。

④ 资源需求：如资金、人员安排、时间分配等配套资源。

⑤ 预期成果：预计实现的关键指标或效果。

（3）内容生成及优化。生成初稿，并对初稿进行调整和优化。

动手练 生成校园风筝节活动计划

打开文心一言工具，输入以下提示词。

请根据以下提供的信息，生成一份关于校园风筝节活动计划的文章。

（1）活动背景：丰富校园生活，促进学生身心健康，提高团队合作精神。

（2）活动目标：

● 增进学生间的交流与合作。

● 弘扬优秀传统文化，体验风筝制作与放飞乐趣。

● 培养学生的创新精神和动手能力。

（3）活动时间：2025年4月11日（星期五）。

（4）活动对象：全校师生。

（5）活动地点：××体育场。

（6）活动内容：

● 风筝设计与制作比赛：自带材料，现场制作。

● 放风筝比赛：比赛放飞的高度和稳定性。

（7）活动预算：预计活动费用×××元，包括奖品费及场地布置费。

（8）活动宣传：通过校园广播、海报、微信公众号等方式宣传。

（9）活动总结：组织总结会议，对活动效果进行评估，收集学生反馈，为下次活动提供参考。

生成内容如下。

校园风筝节活动计划

一、活动背景

为丰富我校师生的校园生活，促进学生身心健康，提高团队合作精神，我校决定举办一场别开生面的校园风筝节活动。此次活动旨在通过风筝这一传统文化元素，为学生提供一个展示自我、交流互动的平台，让学生在轻松愉快的氛围中增进友谊，共同成长。

二、活动目标

增进学生间的交流与合作，提升团队协作能力。

弘扬传统文化，让学生亲身体验风筝制作与放飞的乐趣，感受传统文化的魅力。

培养学生的创新精神和动手能力，激发他们对科技制作的兴趣。

三、活动时间

2025年4月11日（星期五）。

四、活动对象

全校师生。

五、活动地点

活动将在××体育场举行，该场地宽敞开阔，适合进行风筝制作与放飞活动。

六、活动内容

1.风筝设计与制作比赛

● 活动要求：参赛者自带材料，在现场进行风筝设计与制作。

● 比赛标准：评委根据创意性、艺术性和完成度进行评分。

2.放风筝比赛

● 活动要求：参赛者将制作的风筝放飞。

● 比赛规则：根据风筝在规定时间内的高度和飞行时间评定成绩。

七、活动预算

本次活动预计费用为×××元，主要用于购买奖品、布置场地以及支付其他相关费用。我们将确保资金的合理使用，确保活动顺利进行。

八、活动宣传

为确保活动广泛传播，我们将通过校园广播、海报、微信公众号等多种渠道进行宣传。同时，鼓励各班级积极动员学生参与，共同营造浓厚的活动氛围。

九、活动总结

活动结束后，将组织总结会议，围绕以下内容进行总结：

● 对活动效果进行全面评估，包括参赛人数和活动反响等。

● 收集学生的意见和建议，为下一次活动的改进提供参考。

十、预期效果

通过本次校园风筝节，师生不仅能体验到风筝制作与放飞的乐趣，还将增强互动交流，传承和感受中华传统文化魅力，进一步促进校园文化建设。

××学院学生会

2025年××月××日

如果对生成的内容不太满意，用户可继续调整提示词，直到满意为止。例如，

请对内容进行扩写，要求如下：

● 加入"放飞梦想，共绘蓝天"主题内容。

● 在"活动内容"中加入奖励设置等相关内容。

● 对活动预算、活动宣传两块内容进行细化。

2. 总结

总结具有总体归结的意思，是对过去某一阶段的工作、学习或思想情况进行分析和回顾，从而为今后的工作提供帮助和借鉴的一种写作文体。总结一般具有回顾性和理论性两大特点。

● **回顾性：** 总结是对已经做过的工作进行回顾，对所做的工作总结经验。

● **理论性：** 总结是从具体工作中引出经验和教训，以便做好今后的工作。它是把感性的认知上升到理性的高度。

使用AIGC辅助撰写计划类文章的流程如下。

（1）明确总结目标，划定总结结构。

（2）整理内容，并输入关键提示词。同时标注清楚内容要求（如语气正式、逻辑严密等）。

例如，请根据提供的信息，生成一份季度工作总结，内容包括：

① 工作情况：列出本季度完成的主要工作内容和项目，项目是否达成预期目标，以及项目具体的成效。

② 问题与不足：工作中存在的主要问题或瓶颈，可列出尚未完成的项目，并说明原因。

③ 改进方向：针对存在的问题提出具体的改进方案或建议。简要说明下季度工作的重点和目标。

（3）内容生成及优化。生成初稿，并对初稿进行完善和润色。

动手练 生成2024年度销售部工作总结

打开文心一言工具，并输入内容大纲提示词。

请根据以下提纲，生成一份2024年度销售部工作总结。信息如下：

1.引言

2.业绩回顾

● **销售额与目标达成情况**

● **客户拓展与维护**

● **市场占有率**

3.工作亮点

● **团队协作与培训**

● **销售策略创新**

● **售后服务优化**

4.存在问题与不足

● **市场敏锐度有待提高**

● **销售渠道拓展不足**

● **团队内部沟通要加强**

5.未来展望

● **设定更高目标**

● **加强团队建设**

● **深化市场研究**

6.结语

生成内容如下。

2024年度销售部工作总结

引言

随着2024年的缓缓落幕，回顾过去一年，销售部在公司整体战略的引领下，经历了挑战与机遇并存的历程。本总结旨在全面回顾部门的工作表现，总结经验，查找不足，并为来年的工作提供参考与指导。

业绩回顾

本年度，销售部取得了令人瞩目的成绩。销售额较去年增长了20%，圆满完成了年初设定的目标。在客户拓展与维护方面，我们不仅巩固了与老客户的关系，还成功开拓了多个新市场，新增客户数量同比增长30%。市场占有率方面，我们凭借优质的产品和服务，成功提升了5个百分点，稳固了行业领先地位。

工作亮点

团队协作与培训方面，我们加强了内部沟通，组织了多次专业培训，提升了团队的整体素质。销售策略上，我们勇于创新，灵活调整市场策略，有效应对了市场变化。此外，售后服务优化也取得了显著成效，客户满意度大幅提升。

存在问题与不足

尽管成绩斐然，但我们仍面临诸多挑战。市场敏锐度有待进一步提高，以便更快捕捉市场机遇。销售渠道拓展不足，限制了业务的进一步发展。同时，团队内部沟通仍需加强，以确保信息畅通无阻。

未来展望

展望未来，我们将设定更高的销售目标，加强团队建设，提升团队凝聚力和执行力。同时，深化市场研究，精准把握市场趋势，为公司的持续发展贡献力量。

结语

2024年是充满挑战与收获的一年。销售部将以此为契机，总结经验，发扬成绩，改正不足，为公司的辉煌明天贡献力量。

用户可对生成的内容加以调整，或继续输入提示词，借助AIGC工具进行调整优化。

例如：**请将"工作亮点"这一部分按照大纲的要点进行分段扩写，全文总字数在800字以内。**

以下为扩写的部分内容。

......

工作亮点

团队协作与培训

本年度，销售部门在团队协作方面取得了显著进步。我们加强了内部沟通机制，定期召开团队会议，分享市场信息，交流销售策略，确保每个成员都能及时掌握市场动态。同时，我们重视员工的职业发展，组织了多次专业培训，包括销售技巧、市场分析、客户关系管理等，有效提升了团队的整体素质。这些努力不仅增强了团队凝聚力，还提高了工作效率，为业绩的持续增长奠定了坚实基础。

销售策略创新

面对日益激烈的市场竞争，销售部不断创新销售策略。我们深入调研市场需求，分析客户行为，灵活调整产品组合和价格策略，以满足不同客户群体的需求。同时，我们积极运用数字化工具，如大数据分析、社交媒体营销等，精准定位目标客户，提高销售转化率。这些创新策略不仅提升了销售业绩，还增强了品牌影响力，为公司的长远发展注入了新的活力。

售后服务优化

售后服务是提升客户满意度和忠诚度的关键。本年度，我们加大了售后服务团队的投入，优化了服务流程，缩短了响应时间。我们建立了完善的客户反馈机制，及时收集和处理客户意见，不断改进产品和服务质量。此外，我们还开展了多次客户回访活动，了解客户使用产品的体验和需求，增强与客户的互动和黏性。这些努力不仅提升了客户满意度，还为我们的口碑传播和业务拓展创造了有利条件。

……

2.3.3 新闻稿与演讲稿

新闻稿与演讲稿均属于宣传类的应用文。该类应用文具有极强的政治性、时效性以及内容的针对性。

1. 新闻稿

新闻稿是一种用于向媒体、公众或特定受众传递最新信息、事件或公告的正式文稿。通常用于报道企业活动、产品发布、行业动态、社会事件等，旨在通过媒体渠道广泛传播，以达到宣传、告知或引导舆论的目的。新闻稿具有时效性、客观性、简洁性和引导性四个特点。

- **时效性**：新闻稿强调时效性，通常报道的是最近发生或即将发生的事件，以吸引读者的关注和兴趣。
- **客观性**：新闻稿应保持客观公正的态度，避免主观臆断或过度渲染，确保信息的真实性和可信度。
- **简洁性**：新闻稿的语言应简洁明了，避免冗长和复杂的句子结构，确保读者能够快速理解信息要点。
- **引导性**：新闻稿在传递信息的同时，也具有一定的引导性，旨在引导读者对事件或产品产生特定的看法或行动。

使用AIGC辅助撰写新闻稿的流程如下。

（1）明确新闻稿的目的。宣传目的如宣传活动、发布新品、传递政策信息等，目标受众为公众、专业人士、特定群体等。

（2）关键词的规划。整理内容，输入关键提示词，并注明写作风格。

例如，**请根据提供的事件背景信息，以正式且简洁的语气，生成一份关于××的新闻稿。背景信息如下。**

① 事件名称：如××市绿色科技博览会开幕式。

② 时间地点：事件发生的具体时间与地点。

③ 主要人物：参与者的身份和角色（如嘉宾、主讲人等）。

④ 核心内容：事件主题或核心信息。

⑤ 成果与亮点：事件的关键成果或独特之处。

（3）获取初稿并完善。生成初稿，并对初稿进行完善和润色。

动手练 生成××市绿色科技博览会开幕新闻稿

打开文心一言工具，并输入以下新闻关键提示词。

请根据提供的新闻背景信息，生成一份新闻稿。用语简洁且正式。

事件名称：2025年××市绿色科技博览会开幕式。

时间：2025年4月15日。

地点：××市国际会展中心。

主要人物：×市市长、科技行业领军人物及500家参展企业代表。

事件内容：

① 这是一次以"科技引领绿色未来"为主题的博览会。

② 博览会展出约2000件最新绿色科技产品，并举办20场专业论坛。

③ 开幕式上发布《××市绿色科技发展白皮书（2025版）》。

成果：2000余名观众参观，签订绿色科技合作意向合同50余份。同时，吸引国内外50多家媒体现场报道。

生成内容如下。

标题：2025年××市绿色科技博览会盛大开幕

日期：2025年4月15日

地点：××市国际会展中心

正文：

2025年4月15日，以"科技引领绿色未来"为主题的2025年××市绿色科技博览会在××市国际会展中心盛大开幕。此次博览会汇聚了××市市长、科技行业领军人物及500家参展企业代表，共同见证了绿色科技领域的创新成果与未来趋势。

博览会展出了约2000件最新的绿色科技产品，涵盖环保材料、清洁能源、绿色交通等多个领域，展示了绿色科技在推动可持续发展方面的巨大潜力。同时，博览会期间还举办了20场专业论坛，与会专家就绿色科技的创新与应用进行了深入交流与探讨。

开幕式上，××市市长亲自发布了《××市绿色科技发展白皮书（2025版）》，该白皮书全面总结了近年来××市在绿色科技领域的发展成果，并展望了未来的发展方向与目标。

据统计，博览会吸引了2000余名观众参观，现场气氛热烈。在博览会期间，参展企业共签订了50余份绿色科技合作意向合同，为绿色科技的产业化应用奠定了坚实基础。同时，博览会还吸引了国内外50多家媒体现场报道，进一步扩大了绿色科技的社会影响力。

此次绿色科技博览会的成功举办，不仅展示了××市在绿色科技领域的领先地位，也为推动全国乃至全球绿色科技的发展贡献了积极力量。未来，××市将继续加大绿色科技的研发与应用力度，为构建美丽中国贡献力量。

2. 演讲稿

演讲稿是指在重要的会议或公众场合发表的讲话稿，它是演讲的依据，是人们在工作和社会生活中经常使用的一种文书。演讲稿具有针对性、可讲性、鼓动性、临场性和口语性5个特点。

- **针对性**：演讲稿基本上是针对某一类听众所关心的问题发表自己的立场和看法。
- **可讲性**：演讲主要以讲为主。优质的演讲稿要求"上口入耳"。上口是指内容的可讲性，入耳是指内容的好听性。
- **鼓动性**：好的演讲是富有感染力的，能激发听众情绪，并赢得好感。
- **临场性**：演讲活动是演讲者与听众面对面的交流与沟通，演讲者需根据听众的反馈及时调整演讲内容，具有临场性。
- **口语性**：演讲稿与其他书面文稿不同，它讲究口语化，要讲起来朗朗上口，听众才能听得明白清楚。

使用AIGC辅助撰写演讲稿的流程如下。

（1）准确的规划。明确演讲的目的（宣传活动、激励团队、科普知识等）、目标受众分析（年龄、职业、兴趣）和演讲场景及时长。

（2）关键词及文风。整理内容，输入关键提示词，并写明语言风格。

例如：**请根据提供的信息，生成一篇关于××的演讲稿。信息如下。**

① **演讲主题：本次演讲的标题。**

② **核心观点与逻辑结构：**

- **开场：引人注意的故事、数据或提问。**
- **主体：一二三个核心观点，每个观点需要一二个例子或数据支持。**
- **结尾：总结主题，发出号召或展望未来。**

③ **素材应用：数据支持、名人名言、成功案例等。**

④ **风格设定：正式（学术场合）、感性（团队激励）、幽默（年轻观众）。**

（3）内容的输出。生成并优化整合初稿，例如，是否符合目标受众的兴趣点、观点是否具有说服力、案例和数据是否真实可靠等。

动手练 生成关于绿色科技发展创新的演讲稿

打开"文心一言"，并输入演讲稿关键提示词：

请根据以下信息，生成一篇演讲稿。演讲稿结构为：开场、主体、结尾。演讲语气：正式且富有感染力。

（1）演讲主题：绿色发展，共创未来。

（2）演讲场合：科技论坛开幕式。

（3）演讲时长：5分钟。

（4）目标。

● 向与会者传递绿色发展的重要性。

● 鼓励科技界和企业界携手推动绿色创新。

● 受众：科技企业代表、环保专家、媒体记者。

（5）开场素材：

● 全球变暖数据。

● 绿色科技的积极案例，如新能源车成功降低低碳排放。

（6）核心观点：

● 绿色发展是全球共识。

● 科技创新是绿色发展的关键驱动力。

● 合作共赢是实现目标的唯一道路。

（7）结尾目标：呼吁与会者积极行动，共建可持续发展的未来。

生成内容如下。

绿色发展，共创未来

各位来宾：

大家好！

欢迎来到绿色科技论坛。今天我们齐聚一堂，探讨绿色发展这一关乎未来的重要议题。数据显示，2024全球平均气温再创新高，气候变化已成为我们无法回避的现实。然而，在挑战中也蕴藏着希望。某新能源企业开发的电动车，在过去一年中帮助减少了50万吨二氧化碳排放，向人们展示了科技的力量。

绿色发展是全球共识。

绿色发展已成为世界各国的共同语言。我们每一个人都处在这一伟大变革的进程中，既是参与者，也是受益者。

科技创新是绿色发展的关键驱动力。

没有新能源技术，我们难以告别对化工燃料的依赖；没有智能环保设备，绿色城市只是梦想。科技让人们看到了改变的可能，也让绿色发展更有底气。

合作共赢是实现目标的唯一道路。

绿色发展不仅需要科技的突破，更需要各界的携手。企业界要积极承担社会责任，科技界要继续开拓创新，而每一个人也应为这场绿色革命贡献自己的力量。

最后，我想呼吁在座的每一位，行动起来，用我们的智慧和努力，共同绘制一幅绿色的未来蓝图！

谢谢大家！

内容生成后，用户可以对其内容进行优化。例如，想要丰富一下结尾，可继续输入提示词：

将结尾改写为一段展望和鼓舞的话语。

结尾优化后的内容如下。

> ……
>
> 　　让我们一起行动，以绿色为笔，以科技为墨，共同描绘一个可持续发展的美好未来。我们终将证明，今天的选择可以成就明天的希望！

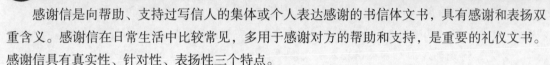

感谢信是向帮助、支持过写信人的集体或个人表达感谢的书信体文书，具有感谢和表扬双重含义。感谢信在日常生活中比较常见，多用于感谢对方的帮助和支持，是重要的礼仪文书。感谢信具有真实性、针对性、表扬性三个特点。

- **真实性：** 需从事实出发，如实叙述感谢事项。
- **针对性：** 向集体或个人表达感谢的书面材料，目标明确，针对性强。
- **表扬性：** 具有感谢和表扬的双重含义，可鼓舞和激励被感谢的一方。

使用AIGC辅助撰写感谢信的流程如下。

（1）明确感谢信的背景和需求。

包括感谢对象、感谢原因、信件语气等。

（2）提示词的输入。

整理内容，输入信件的提示词，并注明信件语气风格。

例如：**请根据提供的内容，生成一篇关于××的感谢信。信件语气为正式且真挚。内容如下。**

① 感谢对象信息：如称呼、职位、单位等。

② 事件背景：发生的时间、地点和具体事件。

③ 具体帮助：对方所提供的支持或付出的努力。

④ 情感表达：感谢之情的重点内容。

⑤ 未来展望：期待未来合作、关系维系等内容。

（3）生成初稿，调整并优化初稿。

例如内容结构是否恰当；感谢对象是否明确；具体贡献的描述是否具体且有感染力。

下面以感谢某科技公司为学校举办的活动提供赞助为背景，为该公司领导写一份感谢信。

打开"文心一言"，输入以下感谢信提示词。

请根据提供的信息，撰写一份感谢信。语气要求：正式、真挚，适合商业合作伙伴关系。

① 感谢对象：程总，××科技公司CEO。

② 事件时间与地点：2025年5月20日，××大学体育馆。

③ 事件背景：感谢对学校举办的"校园科技创新大赛"提供技术设备和技术人员的支持，并赞助价值×万元的奖品。

④ 核心内容：
- 表达对技术支持的感谢。
- 强调对大赛成功举办的重要意义。
- 展望未来的进一步合作机会。

⑤ 活动成果：吸引参赛团队200+，受到学生热烈好评。

⑥ 未来期望：深化校企合作，共促人才培养和科技创新。

生成内容如下。

> 尊敬的程总
>
> 您好！
>
> 我谨代表××科技学院，特此向您及××科技公司致以最诚挚的感谢。在2025年5月20日于××大学体育馆圆满落幕的"校园科技创新大赛"中，贵公司的慷慨支持与无私奉献，不仅为大赛的顺利进行奠定了坚实的基础，更为参赛学生及全校师生留下了深刻的印象。
>
> 首先，请允许我们对贵公司在本次大赛中提供的技术设备及派遣的专业技术人员表示衷心的谢意。这些支持不仅确保了比赛项目的顺利进行，更让每一位参与者都亲身体验到了最前沿的科技魅力，极大地激发了他们的创新思维与实践能力。贵公司赞助的价值×万元的奖品，更是成为激励学生们不断探索、勇于创新的强大动力，赢得了广泛的赞誉与好评。
>
> 此次大赛的成功举办，得益于贵公司的鼎力相助，它不仅是学术与实践相结合的一次成功尝试，更是校企合作模式的一次生动实践。大赛吸引了200多支参赛团队，覆盖多个学科领域，不仅促进了学生之间的交流与合作，也极大地提升了学校的科技创新氛围，受到了学生们的热烈好评，其影响力已远远超出了校园范畴，成为社会各界关注的焦点。
>
> 我们深知，贵公司的支持不仅是对本次大赛的直接助力，更是对教育事业的深远贡献，体现了贵公司对人才培养和科技创新的高度重视与责任感。正是基于这样的共同理念，我们对未来充满了无限的期待与憧憬。我们坚信，通过不断深化校企合作，双方定能在人才培养、技术研发、项目孵化等方面实现更加紧密和高效的合作，共同推动科技创新与社会进步的融合发展。
>
> 在此，我们再次向程总及×科技公司表达最深切的感激之情，并期待在未来的日子里，我们能够携手并进，共创辉煌。请随时与我们联系，共同探讨更多合作的可能性，共同开启校企合作的新篇章。
>
> 最后，祝愿××科技公司在程总的带领下，事业蒸蒸日上，再创佳绩！
>
> 此致
>
> 敬礼！
>
>
>
> ××科技学院
>
> 2025年5月25日
>
>

第3章
AIGC重塑办公方式

AIGC在办公领域的应用优势主要体现在高效性、低成本、多样性与创新性等方面。这些优势能够为企业和个人带来更加便捷、高效的办公体验。本章主要对AIGC在文案创作、数据处理以及PPT创作方面的应用进行详细介绍。

3.1 AIGC在办公领域的应用场景

随着人工智能技术的不断发展和完善，AIGC在各个领域和场景中发挥了重要作用。其中，在办公领域涵盖了文档内容创作、表格数据分析、PPT演示文稿生成、日常办公任务自动化，以及其他多个方面。

3.1.1 文档内容创作与编辑

基于大模型的智能写作辅助工具，可以为用户提供内容创意，并辅助快速完成各类文章、报告、会议日程、新闻稿等内容的自动生成和修改，从而提高内容创作的效率和质量。以下是AIGC工具在不办公同场景下生成文案的示例。

【场景1】生成活动策划书

提示词：请以"醇香迎新春，共酌团圆情"为活动主题，撰写一份春节白酒促销活动策划方案。

生成内容如下。

春节白酒促销活动策划方案

一、活动背景与目标

随着春节的临近，消费市场迎来了一年一度的黄金时期。白酒作为中国传统节庆不可或缺的一部分，其销售量在春节期间显著增长。本次春节白酒促销活动旨在通过创意营销手段，提升品牌知名度，增加产品销量，加强与消费者的互动，同时传递品牌文化与传统节庆氛围，实现销售业绩与品牌形象的双重提升。

二、活动主题

"醇香迎新春，共酌团圆情"——20××年春节白酒特惠庆典

三、活动时间

预热期：春节前两周（1月×日—1月××日）

正式活动期：春节假期前三天及假期中（1月××日—1月××日）

后续反馈期：春节假期后一周（1月××日—2月×日）

四、活动内容

1.限时折扣促销

设定"早鸟特惠"，前100名下单顾客享受额外5%折扣。

春节期间，特定时段（如除夕、大年初一）在线下门店及官网推出限时折扣，最高可达8折。

2.满额赠品活动

购物满500元，赠送精美酒具一套。

满1000元，额外赠送限量版春节纪念酒一瓶。

3. 线上互动赢好礼

在社交媒体平台（微博、微信、抖音等）发起"晒团圆照，赢白酒大奖"活动，邀请用户分享春节团圆时刻照片，并@品牌官方账号，设置话题#醇香团圆情#，抽取幸运用户赠送高端白酒礼盒。

举办线上猜灯谜游戏，答对者可获得优惠券或小礼品。

4. 线下体验活动

在主要城市旗舰店举办"白酒品鉴会"，邀请白酒爱好者及潜在客户参与，现场讲解白酒文化、品鉴技巧，并提供多款白酒试饮。

设立"春节主题拍照区"，顾客可拍照打卡并分享至社交平台，凭截图可领取小礼品。

5. 会员专享福利

会员在活动期间购物享受双倍积分，积分可用于兑换商品或服务。

高级会员享受免费送货上门及定制包装服务。

五、宣传策略

社交媒体营销：利用微博、微信、抖音等平台发布活动预告，直播现场活动，分享用户参与互动的精彩瞬间，提高曝光率。

KOL合作：邀请知名美食博主、酒类评测师进行产品体验分享，扩大品牌影响力。

线下广告：在商场、超市等人流密集区域投放海报、LED屏广告，吸引顾客注意力。

短信/邮件营销：向现有会员发送活动通知，提醒参与。

六、预算规划

折扣成本：根据销售预测计算。

赠品采购：根据预计赠送数量计算成本。

广告费用：社交媒体广告、线下广告、KOL合作费用等。

活动执行费用：场地租赁、布置、人员工资等。

物流费用：特别是针对会员的特别服务费用。

七、效果评估与反馈

1. 通过销售数据、网站访问量、社交媒体互动量等指标评估活动效果。

2. 收集顾客反馈，了解活动亮点与不足，为未来活动提供改进依据。

3. 对参与活动的KOL、合作伙伴进行效果评估，为长期合作提供参考。

八、结语

通过精心策划的春节白酒促销活动，不仅能够促进产品销售，更重要的是能够加深消费者对品牌的情感连接，传递品牌的文化价值。让我们携手共迎新春，以醇香白酒为媒介，传递团圆与幸福的温暖。

【场景2】生成新员工实习报告

提示词：你是"蓝天科技有限公司"市场部的实习生，现需要写一份实习报告，内容需涵盖实习期间的具体工作内容、学习到的市场营销技能、遇到的挑战与解决策略，以及这段经历对个人成长和未来职业规划的影响。

生成内容如下。

蓝天科技有限公司市场部实习报告

一、实习背景与目的

蓝天科技有限公司是一家专注于高科技产品研发和销售的创新型企业，拥有一支充满活力的团队和先进的技术平台。公司致力于为客户提供最前沿的科技产品和解决方案，以满足不断变化的市场需求。在这样一个充满挑战和机遇的环境中，我有幸成为市场部的一员，参与到公司市场营销的各环节。我的主要目标是将在校所学的理论知识与实际工作相结合，通过实践活动深化对市场营销领域的理解。

二、实习工作内容

1. 工作任务概览

在蓝天科技有限公司市场部实习期间，我承担了多项任务，旨在通过实践操作来加深对市场营销理论的理解，并提升实际操作能力。我的日常工作主要包括协助进行市场调研、参与策划营销活动、执行社交媒体宣传计划以及分析竞争对手的市场策略。这些任务不仅让我有机会直接参与到市场部的核心工作中，也使我能够从实际操作中学习到如何有效地运用市场营销工具和策略。

2. 具体项目参与

在实习期间，我参与了多个重要的项目和活动，其中包括新产品上市的市场推广活动、年度大型客户答谢会的筹备工作以及线上营销活动的执行。在新产品推广项目中，我负责收集目标客户的反馈信息，并与团队成员一起分析数据，制定针对性的营销策略。在客户答谢会的筹备过程中，我参与了活动主题的创意构思和执行细节的规划。此外，我还参与了一个针对年轻消费群体的线上互动营销活动，负责内容的创建和社交媒体平台的管理工作。

三、学到的市场营销技能

1. 市场调研技巧

在实习期间，我深刻体会到了市场调研在制定有效营销策略中的重要性。通过参与不同的市场调研项目，我学会了设计问卷、选择合适的调研样本以及运用统计分析软件处理数据。更重要的是，我学会了如何从调研结果中提炼出有价值的信息，并将这些信息转化为营销决策的依据。例如，在新产品的推广活动中，通过对目标客户群的深入调研，我们成功识别了客户的需求点和偏好，从而制定了更加精准的市场定位和推广策略。

2. 制定营销策略

制定营销策略是市场部工作的核心之一。在实习过程中，我学会了如何根据市场调研的结果，结合公司的产品特性和竞争环境，制定出具有针对性的营销策略。其中包括确定目标市场、制定价格策略、选择促销渠道和方法，以及规划产品的市场推广活动。我还学会了如何与团队成员协作，共同讨论和优化策略方案，确保策略的实施能够达到预期的效果。

3. 数字营销知识

数字营销是现代市场营销不可或缺的一部分，我在实习中特别注重这方面的学习和实践。我掌握了搜索引擎优化（SEO）、搜索引擎营销（SEM）、内容营销以及社交媒体营销等数字营销工具的使用。通过实际操作，我了解了如何利用这些工具提高品牌的在线可见度，吸引潜在客户，并提升用户的参与度。例如，在管理公司社交媒体账号时，我通过定期发布有吸引力的内容和互动活动，显著提高了粉丝的活跃度和品牌的社交媒体影响力。

4. 沟通与谈判技巧

有效的沟通和谈判技巧对于市场营销人员至关重要。在实习期间，我有机会与多方利益相关者进行交流，包括内部团队成员、合作伙伴以及客户。我学会了如何清晰地表达自己的想法和需求，同时也能够倾听他人的意见，并在此基础上达成共识。在与客户的谈判中，我学会了如何准备充分的谈判材料，运用合适的谈判策略，在保持良好客户关系的同时，达成对公司有利的协议。这些经验不仅提升了我的沟通能力，也为我在未来的职业生涯中处理复杂的商业谈判打下了坚实的基础。

四、遇到的挑战与解决策略

……

五、对未来职业规划的影响

……

六、实习总结

回顾在蓝天科技有限公司市场部的实习经历，我感到收获颇丰。这段时间里，我不仅将课堂上学到的理论知识与实际工作相结合，还在真实的环境中锻炼了我的市场营销技能。我学会了如何进行市场调研、制定营销策略、运用数字营销工具，以及如何与团队成员和客户有效沟通。这些经验无疑将对我未来的职业生涯产生积极的影响。

【场景3】生成产品发布新闻稿

提示词：你是广播电台的一名记者，现有一家名为"萤火科技"的公司，推出了一款人工智能化妆机器人，请你帮助他们写一篇产品发布新闻稿，语气正式且规范。

生成内容如下。

萤火科技发布人工智能化妆机器人，引领美妆行业变革

近日，国内领先的创新科技公司——萤火科技，在××市隆重举行了一场别开生面的新品发布会，正式推出了一款颠覆传统美妆行业的人工智能化妆机器人。此次发布会吸引了众多时尚博主、美容专家和科技爱好者的关注，共同见证了这一美妆科技新品的诞生。

这款人工智能化妆机器人是萤火科技团队经过长时间研发，结合深度学习、自然语言处理以及3D精准建模等多项前沿技术打造的智能美妆工具。其独特的智能推荐系统能够根据用户的肤色、化妆习惯以及当前流行的美妆趋势，智能推荐最适合用户的妆容方案。同

时，借助手术级机器人驱动技术，该机器人能够实现化妆过程的精准操作，误差控制在惊人的0.02微米内，确保每一步化妆都精致无瑕。

发布会上，萤火科技公司的首席执行官详细介绍了这款产品的亮点功能。他表示："我们不仅仅是在制造一款化妆工具，更是在倡导一种全新的生活方式。这款人工智能化妆机器人将为用户带来前所未有的个性化美妆体验，让每个人都能轻松拥有属于自己的专属妆容。"

此外，萤火科技公司还邀请了多位国内顶级化妆师参与这款机器人的调校工作，共同优化了超过200种国内明星妆容方案，用户可以根据自己的喜好进行个性化选择或定制。同时，机器人还具备实时视频教程功能，通过视频指导用户完成化妆过程，即使是化妆新手也能轻松上手。

在发布会现场，与会嘉宾纷纷体验了这款人工智能化妆机器人，并对其精准度和个性化推荐表示高度赞赏。一位时尚博主在体验后表示："这款机器人不仅化妆效果出众，更重要的是它让我感受到了科技带来的便捷和乐趣。我相信它将会成为未来美妆行业的新宠。"

此次发布会的成功举办，标志着萤火科技公司在人工智能美妆领域取得了重要突破。未来，萤火科技公司将继续深耕人工智能领域，不断推出更多创新产品，为用户带来更加便捷、智能的生活体验。同时，公司也将积极寻求与国内外知名美妆品牌的合作，共同推动美妆行业的智能化发展。

随着人工智能技术的不断发展和普及，越来越多的行业开始尝试将AI技术融入其中，以提升效率和用户体验。萤火科技公司此次推出的人工智能化妆机器人正是这一趋势的缩影。我们有理由相信，在不久的将来，AI技术将会为我们的生活带来更多惊喜和可能。

萤火科技公司人工智能化妆机器人的发布，无疑为美妆行业注入了新的活力。我们期待这款智能美妆工具能够引领行业变革，为广大用户带来更加美好的美妆体验。

本新闻稿中的信息来源于萤火科技公司的新品发布会现场及与会嘉宾的采访内容，旨在提供有关人工智能化妆机器人的最新资讯。如有任何疑问或需要进一步了解，请联系萤火科技公司的官方客服。

3.1.2　表格数据处理

在表格数据处理与分析领域，人工智能生成技术也能发挥重要作用。这种技术能够高效地处理和分析海量的表格数据，自动完成数据的提取、清洗和转换工作。同时，借助先进的算法和模型，这些工具能够对数据进行深度挖掘和分析，揭示数据中的潜在规律和趋势，从而为企业的决策提供有力的数据支持。以下是AIGC工具进行表格数据分析的示例。

【场景1】报表生成 Excel 报表

AIGC可以辅助企业员工自动生成各类报表，如财务报表、销售报表等，减少人工输入和计算的错误率，提高工作效率。

输入提示词：

2025/3/10，贝贝婴乐坊，婴宝磨牙棒，订单数量30，￥11.50，￥345.00

2025/3/10，乐乐家母婴生活馆，海洋鱼仔饼干，订单数量30，￥9.50，￥285.00

3/10，佳园母婴坊，嘉宝儿童手作糖果，订单数量80，￥18.50，￥1,480.00

3月11日，乐乐家母婴生活馆，嘉宝儿童手作糖果，订单数量60，￥18.50，￥1,110.00

3月11日，佳园母婴坊，婴儿小米米粉，订单数量20，￥10.20，￥204.00

3月12日，千禧源母婴店，婴宝磨牙棒，订单数量45，￥11.50，￥517.50

……

对这些内容进行整理，制作成表格，表格最左侧添加一个"序号"列，从1开始编号，日期统一成"年/月/日"的格式，提供Excel文件的下载链接。

生成结果后，单击下载链接即可打开表格，如图3-1、图3-2所示。

图 3-1　　　　　　　　　　　　　　　图 3-2

【场景2】智能数据分析

AIGC可以与Excel等表格软件结合，实现数据的智能分析，包括数据的筛选、分类、统计等，从而提高数据分析的效率和准确性。

延续前面的对话，继续输入提示词：按"店铺名称"进行分类，对"总价"进行汇总。

内容生成如图3-3所示。

店铺名称	总价
乐乐家母婴生活馆	2730.0
佳园母婴坊	3322.0
千禧源母婴店	1583.5
贝贝婴乐坊	1552.0

图 3-3

【场景3】图表生成

AIGC可以根据数据自动生成图表，帮助用户更直观地理解数据。这不仅可以节省用户制作图表的时间，还可以提高图表的专业性和准确性。

输入提示词：

店铺	目标	实际销量
1号店	74	80
2号店	56	60
3号店	55	60
4号店	111	100
5号店	45	40
6号店	66	50

为以上数据生成图表，内容生成如图3-4所示。

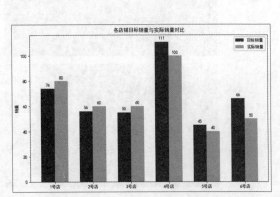

图 3-4

3.1.3　智能PPT演示文稿

随着深度学习和自然语言处理技术的不断进步，AIGC不仅能够更准确地理解和模拟人类的语言表达，生成更加自然、流畅的文本内容，还能自动生成逼真的图像和视频，为PPT创作提供丰富的视觉素材。

【场景1】生成幼儿园主题活动PPT

　　输入提示词：请以《小小探险家：自然奇妙之旅》为主题，生成一份关于培养幼儿探险精神的PPT文档。

　　内容生成效果如图3-5所示（节选）。

图 3-5

【场景2】生成行业分析报告PPT

　　输入提示词：请根据提供的大纲内容，生成一份关于无人驾驶汽车行业报告的PPT文档。

　　内容生成效果如图3-6所示（节选）。

图 3-6

【场景3】营销策划方案PPT

输入提示词：生成图书营销策划方案。

生成的PPT部分页面效果如图3-7所示。

图 3-7

3.2 AIGC文案创作新动力

AIGC在文案创作方面表现十分出色，能够快速生成大量文案，满足不同主题和需求，同时通过深度学习和算法分析，精准把握市场趋势和用户喜好，输出个性化、高质量的内容。

3.2.1 AIGC文案创作要素

在使用AIGC撰写文案时，为了得到更符合预期的内容，在提问方式上需要注意明确性与具体性、提供背景信息、运用分隔符和结构化表达、开放性提示词与引导性提示词相结合、指定输出要求以及避免引导性问题和假设等要素。

1. 明确性与具体性

提示词要尽可能明确和具体，避免模糊或过于宽泛的表述。明确的需求描述有助于AIGC更准确地理解创作者意图，并生成符合预期的结果。

例如，提示词为：**写一篇关于旅游的文案。**这种表述过于宽泛。可以改为：**写一篇关于泰国普吉岛旅游的推广文案，目标受众为年轻情侣，突出海滩风光和浪漫氛围"。**

2. 提供背景信息

上下文信息对于AIGC理解问题至关重要。提示词应提供足够的背景信息，帮助其更好地理解文案撰写的背景、目标受众、市场定位等。

如果文案需要用于社交媒体推广，可输入提示词：

请撰写一篇适合在微博上发布的关于新产品的推广文案，目标受众为年轻女性，要求突出产品的时尚元素和性价比。

3. 运用分隔符和结构化表达

对于复杂任务，可以使用分隔符（如引号、括号、节标题等）来清晰指示输入的不同部分，消除任务细节的歧义。同时，结构化表达也有助于AIGC更好地理解需求。

例如：**请撰写一篇关于新产品的介绍文案，要求如下：**

（1）产品概述（简要介绍产品的基本功能和特点）。

（2）产品优势（详细描述产品与其他竞品相比的优势）。

（3）使用场景（提供几个典型的使用场景，展示产品的实际应用效果）。

（4）购买信息（提供购买链接、价格、优惠活动等）。

4. 开放性提示词与引导性提示词相结合

鼓励AIGC进行细致的分析和创作，而不是仅仅追求简单的肯定或否定回答。同时，也可以适当提供引导性信息。

例如：**请分析当前市场上同类产品的文案特点，并结合我们的产品特点，撰写一篇具有差异化竞争优势的推广文案。可以从产品的功能、设计、用户体验等方面入手，突出我们的产品优势。**

5. 指定输出要求

输入提示词时，可以指定输出的长度、格式、风格等要求。这些要求有助于AIGC生成更加符合预期的文案内容。

例如：**请撰写一篇500字左右的关于新产品的介绍文案，要求语言简洁明了，风格活泼有趣，能够吸引年轻消费者的注意力。**

6. 避免引导性问题和假设

提示词中避免包含可能引导答案的信息，或者作出未经证实的假设。这有助于确保AIGC生成的文案更加客观和准确。

例如：**你认为我们的产品比竞品好吗？请写一篇推广文案来支持你的观点。**

这种表述具有引导性，可能生成过于主观或片面的文案。可以改为：

请分析我们的产品与竞品之间的差异和优势，并撰写一篇客观公正的推广文案。

 ## 3.2.2　根据主题自动生成文案

凭借卓越的自然语言处理技术，AIGC能够迅速生成条理清晰、内容丰富的文章。此外，还能根据用户的特定需求进行个性化调整，提供多种写作风格和格式选项，内置的自动错误检查和优化功能确保了文章的高质量，以及在各种应用场景下的适用性。目前，比较常见的擅长自然语言处理的AIGC工具包括ChatGPT、文心一言、讯飞星火、智谱清言等。

下面将使用"讯飞星火"生成一篇品牌故事文案。

步骤01 打开网页并开始对话。 打开"讯飞星火"官网，在首页中单击"开始对话"按钮，如图3-8所示。

图 3-8

步骤02 发送提示词。 进入讯飞星火对话页面，在文本框中输入提示词，随后单击"发送"按钮，如图3-9所示。稍作等待后，系统便可以生成一篇品牌故事文案。

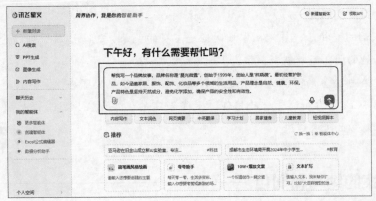

图 3-9

本例提示词如下：**帮我写一个品牌故事。品牌名称是"晨光微露"，创始于1999年，创始人是"林晓薇"。最初经营护肤品，如今涵盖家居、服饰、配饰、化妆品等多个领域的生活用品。产品理念是自然、健康、环保。产品特色是坚持天然成分，避免化学添加，确保产品的安全性和有效性。**

生成内容如下。

标题：晨光微露——自然之光，生活之选

第一章　晨曦的启示

在1999年的春天，当第一缕阳光穿透薄雾，轻轻拂过林晓薇的脸颊，她感受到了一种前所未有的清新与活力。那一刻，她仿佛听到了大自然的低语，告诉她关于纯净与和谐的秘密。林晓薇，一个对生活品质有着极致追求的女性，决定将这份晨光中的启示转化为现实。

她创立了"晨光微露"，一个以自然、健康、环保为核心理念的品牌。在那个化妆品行业充斥着化学成分的时代，林晓薇坚持使用天然成分，拒绝一切化学添加，她相信，只有最纯净的原料，才能带来最真实的美丽。

品牌的诞生并非一帆风顺，林晓薇面临着巨大的挑战和质疑。但她凭借着对美好生活的执着追求和不懈努力，逐渐赢得了消费者的信任和支持。晨光微露的第一瓶面霜就是在这样的信念下诞生的，它不仅滋润了肌肤，更滋润了人们的心田。

随着时间的推移，晨光微露逐渐成为了一个家喻户晓的名字，它不仅仅是一个品牌，更是一种生活态度的象征。林晓薇知道，这一切才刚刚开始，她的旅程，就像那清晨的第一缕阳光，温暖而充满希望。

第二章　绿意盎然的征途

晨光微露品牌初步成功，林晓薇开始思考如何将这份纯净的理念扩展到更多的生活领域……

第三章　风雨兼程的成长

随着晨光微露品牌的不断壮大，林晓薇面临的挑战也日益增多。市场竞争的激烈使得一些竞争对手开始采取不正当的手段来阻碍晨光微露的发展……

第四章　绽放的晨光

经历了风雨的洗礼后，晨光微露如同经过黑夜的花朵，迎来了属于自己的绽放时刻。林晓薇带领着她的团队不断创新，推出了一系列新产品……

林晓薇站在办公室的窗前，望着远方的天际线，心中充满了感慨。她知道，这一切的成就离不开团队的努力和消费者的信任。晨光微露的故事还在继续，而她将带领这个品牌，向着更加辉煌的未来迈进。

3.2.3　文案的续写和润色

自然语言处理技术能够基于用户提供的初始内容或主题进行内容的延伸和拓展。这种续写功能在多种场景下非常实用，如小说创作、影视解说、新闻报道等。续写生成器可以根据已有的剧情或情节，为角色的发展提供新的视角和情节，帮助创作者打破创作的局限。

1. 文案续写

下面将使用"讯飞星火"续写文章。在"讯飞星火"的对话模式下上传文档，并输入"续写内容"，然后发送，如图3-10所示。

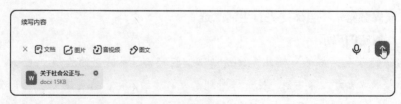

图 3-10

原文开头如下。

在这个纷繁复杂的社会大舞台上，每一个细微的脉动都承载着无数个体的命运与梦想。而当下最触动人心、引发广泛共鸣的话题之一，"社会公正与贫富差距"无疑占据了举足轻重的地位。这不仅是一个经济学上的术语，更是深深嵌入了我们的日常生活，触及每个人心灵深处的不平等现实。

当我们目睹那些因资源分配不均而挣扎于生计边缘的人们，当我们听到那些因教育机会受限而难以翻身的孩子们的心声，当我们感受到那些因社会地位差异而遭受歧视与排斥的群体的无助与愤怒时，我们不得不正视：社会公正与贫富差距，已不再是遥不可及的抽象概念，而是需要我们每一个人共同面对、共同解决的紧迫课题。

在接下来的文字里，我将尝试从多个角度剖析这一复杂现象，探讨其根源、影响以及可能的解决之道。让我们一同走进这个充满挑战与希望的话题，用理性的光芒照亮前行的道路，共同追寻那个更加公正、更加平等的社会理想。

续写内容生成如下。

在探讨社会公正与贫富差距这一复杂现象时，我们不得不深入剖析其根源。经济全球化、技术进步以及政策导向等因素共同作用，导致了资源分配的不均衡。一方面，全球化带来了前所未有的经济增长和财富积累，但同时也加剧了国家间、地区间的贫富分化；另一方面，技术进步虽然提高了生产效率，却也可能因为技能门槛而排斥部分人群，使他们难以享受到经济发展的成果。

这种不平等不仅体现在经济层面，更深刻地影响着社会的结构和人们的心态。贫富差距的扩大可能导致社会阶层固化，使得低收入群体难以通过教育和社会流动改变自己的命运。这不仅是对个人梦想的扼杀，也是对社会活力和创新能力的削弱。

面对这一挑战，我们需要采取多维度的策略来缩小贫富差距，实现社会公正。首先，政府应发挥关键作用，通过制定公平的税收政策、提供社会保障和公共服务，以及实施反贫困计划，来保障基本的生活需求和机会平等。其次，教育是打破阶层固化的重要工具，应确保所有人都能获得高质量的教育资源，特别是对弱势群体的支持。此外，促进就业市场的公平竞争，打击腐败和权力寻租行为，也是维护社会公正的必要措施。

同时，社会各界也应积极参与到这一进程中来。企业可以通过提供更多的就业机会、实施包容性增长战略来贡献自己的力量。非政府组织和民间团体则可以监督政府政策，为边缘群体发声，推动社会公正的实现。

最终，实现社会公正和缩小贫富差距是一个长期而艰巨的任务，需要政府、企业和每一个公民的共同努力。通过持续的改革和创新，我们可以逐步构建一个更加公平、更具包容性的社会，让每个人都有机会追求自己的梦想，共同创造一个更加美好的未来。

2. 文本润色

"讯飞星火"提供内容协作、文本润色、网页摘要、中英翻译等提问模型，用户可以从这些提问模板中选择提示词。

步骤01 执行"文本润色"命令。在文本框中输入内容，单击文本框旁边的"文本润色"按钮，如图3-11所示。

步骤02 设置文本润色要求。在展开的菜单中选择要生成内容的类型、风格以及修辞手法，单击"发送"按钮，如图3-12所示。

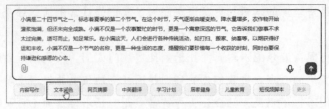

图 3-11

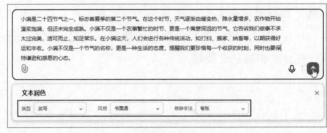

图 3-12

步骤 03 完成文本润色。 系统随即根据选择的项目自动生成提问词，并返回润色结果，如图3-13所示。

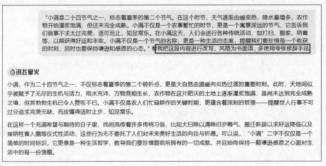

图 3-13

3.2.4　讯飞星火文档翻译

"讯飞星火"的"中英翻译"功能能够利用自身的语言处理能力，高效、准确地实现中文与英文之间的互译。这一功能适用于多种场景，如日常对话、商务沟通、学术交流等。

打开"讯飞星火"官网，将需要翻译的英文内容复制到文本框中，单击"中英翻译"按钮，设置"目标语言"为"简体中文"，随后输入内容。系统随即返回翻译结果，如图3-14所示。

图 3-14

3.2.5 文档阅读了解核心要点

通过WPS AI的"文档阅读"功能，可以快速获取文档的核心信息，节省大量阅读和理解时间。这在处理长篇文档或大量文件时尤为实用，能够显著提高工作效率。下面对产品渠道开发策略方案进行总结。

步骤01 执行"文档阅读"命令。在WPS Office中打开文档。在功能区中单击WPS AI按钮，打开WPS AI窗格，单击"文档阅读"按钮，如图3-15所示。

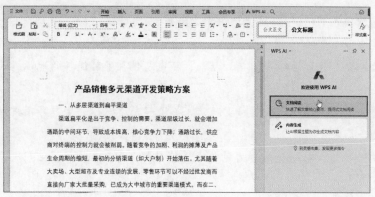

图 3-15

步骤02 选择系统推荐的问题。打开"文档阅读"界面，单击"总结文档内容"按钮，系统随即对文档中的内容进行总结，并给出回复，如图3-16所示。

步骤03 继续提问。用户可以继续在文本框中输入问题并发送，对文档进行提问，如图3-17所示。

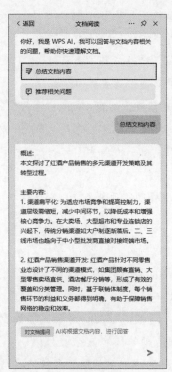

图 3-16

图 3-17

动手练 使用"文心一言"撰写故事大纲

下面使用"文心一言"撰写一个科幻类型的故事大纲。打开"文心一言"官网，在对话模式下输入如下提示词。

我想写一部科幻小说，主要讲述500年后，地球资源枯竭，人类向太空寻找更适合居住的星球，主人公是由11人组成的小队。请为我提供一个故事大纲。

生成内容如下。

科幻小说故事大纲：《星际迁徙：希望之舟》

背景设定：

时间：公元2525年，地球资源接近枯竭，环境恶化至不可逆转的地步，人类社会面临生存危机。

科技水平：人类科技经过数百年飞跃，掌握了超光速航行、生态穹顶技术、基因优化与人工智能融合等先进技术。

社会结构：地球政府联合全球力量，成立"星际探索联盟"，旨在寻找并殖民外星世界，以延续人类文明。

主要人物：

小队成员（共11人）。

（1）队长杰克：前宇航员，拥有丰富的太空探索经验，冷静果断，是小队的灵魂人物。

（2）首席科学家莉娅：生态学家兼物理学家，负责研究目标星球的环境适应性。

（3）工程师汤姆：机械与电子工程专家，负责飞船维护与星际航行技术。

（4）医生艾米：医疗与生物专家，擅长紧急救治与基因疗法。

（5）历史学家萨姆：记录人类文明，研究外星文化，确保文化传承。

（6）安全官凯尔：前特种兵，负责小队安全，精通自卫与战术规划。

（7）通讯官玛丽：信息技术专家，负责与外界通讯及星际网络构建。

（8）心理顾问露西：心理学家，维护队员心理健康，处理长期太空旅行中的孤独与压力。

（9）生态工程师哈里：负责设计并建设可持续生态系统，为新世界改造环境。

（10）儿童教育专家索菲亚：负责教育小队中唯一的儿童（代表人类未来的希望），并设计外星环境下的教育体系。

（11）机械助手阿尔法：高度智能的AI工具，辅助各项任务，具备自我学习与决策能力。

故事大纲：

第一阶段：启程与挑战

起始：地球政府选定了一颗位于银河系边缘的类地行星"诺瓦提斯"作为首选移民目标。小队乘坐最先进的星际飞船"希望号"踏上征程。

旅途考验：途中遭遇小行星带、未知能量场等自然障碍，考验飞船性能与团队协作。阿尔法在关键时刻多次提出解决方案，成为不可或缺的伙伴。

内部冲突：长期的封闭环境导致队员间出现情绪波动与信任危机，露西通过心理干预与团队建设活动化解矛盾。

第二阶段：诺瓦提斯的探索与适应

初次接触：抵达诺瓦提斯后，小队发现星球表面存在未知生物迹象，莉娅带领团队进行初步生态评估。

生态穹顶建设：基于诺瓦提斯的环境数据，哈里设计并建设了首个生态穹顶，作为人类的临时栖息地。

生物交流与冲突：小队遭遇诺瓦提斯的原住民智慧生物，起初因误解发生冲突，后通过萨姆的文化交流与艾米的生物识别技术，双方逐渐建立和平共处的基础。

第三阶段：文明重建与融合

资源开发与利用：汤姆与哈里合作，利用诺瓦提斯的特有资源，开发新型能源与建筑材料，为长期生存奠定基础。

社会结构构建：杰克领导团队讨论并制定新世界的社会规则，强调公平、可持续发展以及与原住民的和谐共存。

教育与传承：索菲亚启动外星环境下的教育体系，结合地球文明与诺瓦提斯文化，培养下一代成为跨文化交流的桥梁。

第四阶段：希望之光

科技突破：莉娅与团队在诺瓦提斯发现的新元素，促使人类科技再次飞跃，为星际旅行与生态改造提供无限可能。

和平协议：小队与诺瓦提斯原住民签订和平协议，共同保护星球生态，开启两个文明共同发展的新篇章。

回归与展望：随着诺瓦提斯成为人类第二家园，小队成员部分选择留下，部分则返回地球，分享新世界的希望与经验，激励更多人类探索宇宙，寻找更多生命的奇迹。

结语：

《星际迁徙：希望之舟》不仅是一部关于生存与挑战的科幻冒险，更是对人类勇气、智慧、团结与希望的颂歌。在宇宙的广阔舞台上，人类以渺小之躯，书写着不朽的篇章。

3.3 AIGC数据处理新时代

当前很多主流的AIGC工具具备数据处理与分析能力，能高效处理大规模数据、自动识别并修正异常值，还能迅速生成可视化图表和报告。这一技术不仅提升了数据分析的效率，同时也为非技术用户进行数据分析提供了便利。

3.3.1 AIGC制作表格

"智谱清言"的数据分析功能在自然语言理解、数据处理、分析方法、代码生成与执行、定制与扩展能力以及实时反馈与持续优化等方面都表现出强大的能力和优势。下面将通过其"数据分析"功能制作表格。

步骤 **01** **发送内容**。打开"智谱清言"官网，选择"数据分析"智能体，将需要制作成表格的数据复制到文本框中，并输入"制作成表格，计算销售金额"，随后发送内容，如图3-18所示。

步骤 **02** **返回数据分析结果**。系统随即生成代码，并将数据整理成表格，如图3-19所示。

图 3-18

图 3-19

步骤 **03** 生成下载链接。若用户需要获取电子表格，可以继续发送内容"请生成表格的下载链接"。系统随即生成电子表格的下载链接，单击该链接即可下载表格，如图3-20所示。

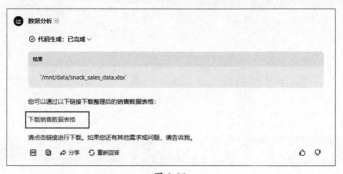

图 3-20

3.3.2　分析Excel表格数据

"智谱清言"不仅支持Excel文件的上传，还能对上传的Excel文件进行进一步的数据分析，并给出相应的分析结果。下面以分析水果销售数据为例进行讲解。

打开"智谱清言"官网，选择"数据分析"智能体。在文本框中导入"水果销售数据"Excel工作簿，并输入数据分析的具体要求。最后发送内容，如图3-21所示。

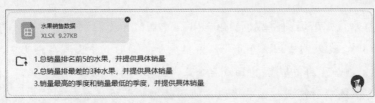

图 3-21

返回的数据分析结果如下。

（1）总销量排名前5的水果及其销量如下。

草莓：972

香蕉：938

桃子：937

橙子：881

葡萄：808

（2）总销量排名最差的3种水果及其销量如下。

芒果：480

苹果：544

火龙果：573

（3）销量最高的季度是第3季度，销量为4399。销量最低的季度是第1季度，销量为1902。

3.3.3 大数据抓取

用户可以充分利用"智谱清言"的深度数据挖掘能力，从大量数据中提取有价值的信息和洞见。数据挖掘可以遵循以下步骤和策略。

- **确定问题域**：明确想要挖掘的数据领域、主题或具体问题，例如市场分析、用户行为、产品优化等。
- **设定目标**：具体设定数据挖掘想要达到的目标，如识别潜在趋势、预测未来表现、发现用户偏好等。

例如，用户希望深入了解2025年汽车制造行业的整体情况。为了获取准确、全面的大数据支持，可以向"智谱清言"进行提问。

请帮我整理2025年汽车行业数据，要整理的项目如下。

（1）国内外汽车市场的整体销量数据，包括国内销量、出口销量以及同比增长率。

（2）汽车市场的细分情况，包括轿车、SUV、MPV、新能源汽车等车型的销量占比和增长率。

（3）新能源汽车（包括纯电动汽车和插电式混合动力汽车）的销量、渗透率以及同比增长率。

（4）汽车制造行业的整体利润率、成本结构以及主要成本项的占比。

（5）分析2025年汽车制造行业的市场竞争格局，包括主要品牌的市场份额、销量排名以及增长情况。

生成内容如下。

（1）**国内外汽车市场销量数据**：2025年，中国汽车市场的总销量预计将达到3100万辆，同比增长3%。这表明中国汽车市场在继续增长。同时，中国汽车企业在全球市场中也占有重要份额，例如2024年9月，中国汽车企业占全球汽车市场份额的36%。

（2）**汽车市场细分情况**：新能源汽车市场的增长尤为显著，2023年销量达到830.4万辆，同比增长36.7%。2024年新能源汽车销量达到1150万辆，同比增长20%。此外，智能化和电动化是当前汽车行业的主要趋势。

（3）**新能源汽车的销量和渗透率**：新能源汽车的快速增长对整体汽车市场产生了重要影响。2025年，新能源汽车的市场渗透率预计将进一步增加。

（4）**汽车制造行业的利润率和成本结构**：虽然汽车行业的整体收入持续增长，但市场竞争激烈，导致利润率有所下降。2025年，部分品牌因利润挑战而退出市场。

（5）**市场竞争格局**：自主品牌在技术进步和智能化方面取得显著成就，市场份额和品牌力均有提升。同时，国际品牌与自主新势力品牌之间的产品魅力差距显著缩小，竞争已进入白热化阶段。

3.3.4　生成可视化图表

"智谱清言"在分析数据的同时，还可以生成各种所需的图表，如饼状图、柱状图等，以直观地展示数据和分析结果。

继续3.3.2节的对话，输入以下提示词：

为各季度水果总销量生成一张饼图。

生成结果如图3-22所示。

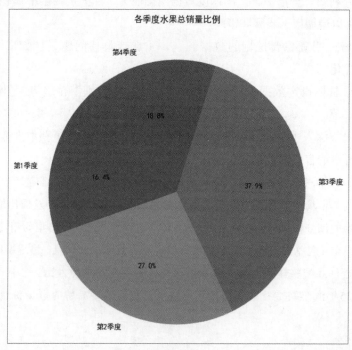

图 3-22

3.3.5　WPS AI数据计算与分析

　　WPS AI通过智能算法和机器学习技术，为用户提供智能化的办公辅助。无论是自动生成文本、自动编写公式，还是数据分析，都能够为用户提供便捷、高效的解决方案。

1. 智能公式助手

　　使用"AI写公式"命令可以快速、准确地根据用户的描述编写公式，并对公式进行详细解析。下面根据表格中的"出生日期"计算年龄。

　　步骤01 执行"AI写公式"命令。打开WPS表格，选择需要输入公式的单元格，输入等号（＝），此时单元格旁边会出现⬆按钮，单击该按钮，如图3-23所示。

　　步骤02 发送提示词。工作表中随即显示一个浮动窗口。在该窗口的文本框内输入"C列为出生日期，计算周岁年龄"，单击▶按钮，如图3-24所示。

▲	A	B	C	D
1	会员卡号	姓名	出生日期	年龄
2	VIP30115	张丹	1988/12/30	＝
3	VIP30116	王宏宇	1993/11/2	
4	VIP30117	赵明月	1990/9/18	
5	VIP30118	李斯	1975/6/25	
6	VIP30119	陈志阳	1986/11/12	

图 3-23

C列为出生日期，计算周岁年龄

提问示例　跨表匹配　查找　计算大数　　　　更多⌄

图 3-24

　　步骤03 返回公式和释义。浮动窗口中随即自动生成公式，单击"对公式的解释"按钮，还可以查看公式意义、函数解释、参数解释等释义内容。单击"完成"按钮，可以确认公式的录入，如图3-25所示。

　　步骤04 填充公式。最后可以对公式进行填充，计算出其他出生日期所对应的年龄，如图3-26所示。

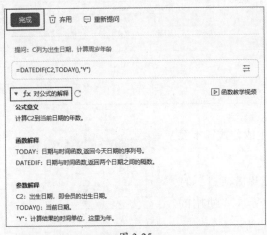

完成　☺弃用　💬重新提问

提问：C列为出生日期，计算周岁年龄

=DATEDIF(C2,TODAY(),"Y")

▾ fx 对公式的解释　C　　　　　▶函数教学视频

公式意义
计算C2到当前日期的年数。

函数解释
TODAY：日期与时间函数，返回今天日期的序列号。
DATEDIF：日期与时间函数，返回两个日期之间的间隔数。

参数解释
C2：出生日期，即会员的出生日期。
TODAY()：当前日期。
"Y"：计算结果的时间单位，这里为年。

图 3-25

	D2	⌄	Q　fx	=DATEDIF(C2,TODAY(),"Y")

▲	A	B	C	D
1	会员卡号	姓名	出生日期	年龄
2	VIP30115	张丹	1988/12/30	35
3	VIP30116	王宏宇	1993/11/2	31
4	VIP30117	赵明月	1990/9/18	34
5	VIP30118	李斯	1975/6/25	49
6	VIP30119	陈志阳	1986/11/12	38
7	VIP30120	刘鑫	1994/10/31	30
8				
9				
10				
11				

图 3-26

2. 自动突出重要数据

　　"AI条件格式"功能能够自动对文档中的数据进行格式化处理，提升数据的可视性和可读性。下面以"突出库存数量最低的3个单元格"为例进行讲解。

步骤 **01** 执行"AI条件格式"命令。打开WPS表格，在功能区中单击WPS AI按钮，打开WPS AI窗格，单击"AI条件格式"按钮，如图3-27所示。

步骤 **02** 发送提示词。表格中随即显示"AI条件格式"窗口，在文本框中输入文字描述，单击发送按钮，如图3-28所示。

图 3-27

图 3-28

步骤 **03** 制定条件格式规则。"AI条件格式"工具随即对工作表中的数据进行分析，并在窗口中显示所引用的区域，以及格式规则，用户可以根据需要对默认的格式进行修改，最后单击"完成"按钮，如图3-29所示。

步骤 **04** 应用条件格式。工作表中符合条件的数据所在单元格随即被填充为黄色，如图3-30所示。

图 3-29

	A	B	C	D	E	F
1	序号	产品编码	产品名称	规格型号	存放位置	库存数量
2	1	D5110	产品A	规格1	1-1#	286
3	2	D5111	产品B	规格2	1-2#	166
4	3	D5112	产品C	规格3	1-3#	303
5	4	D5113	产品D	规格4	1-4#	486
6	5	D5114	产品E	规格5	1-5#	179
7	6	D5115	产品F	规格6	1-6#	173
8	7	D5116	产品G	规格7	1-7#	183
9	8	D5117	产品H	规格8	1-8#	408
10	9	D5118	产品I	规格9	1-9#	165
11	10	D5119	产品J	规格10	1-10#	277
12	11	D5120	产品K	规格11	1-11#	273
13						

图 3-30

扫码看彩图

动手练 提问式生成公式

下面使用"智谱清言"的"数据分析"功能生成公式。本案例使用的原始数据如图3-31所示。

步骤 **01** 导入文件，并输入提示词。打开"智谱清言"官网，选择"数据分析"智能体。先在文本框中导入要使用的Excel文件，随后输入要生成的公式要求，如图3-32所示。

	A	B	C	D
1	姓名	性别	年龄	
2	赵敏	女	18	
3	李薇	女	19	
4	张建忠	男	26	
5	刘凯	男	20	
6	孙威	男	37	
7	张明阳	女	19	
8	李思思	女	42	
9	陈海燕	女	21	
10	倪晓宇	男	33	
11	李敏敏	女	26	
12	陈小丹	女	49	
13	周旭东	男	51	
14	吴芸	女	50	
15	孙山地	男	21	
16	马海英	男	33	

图 3-31

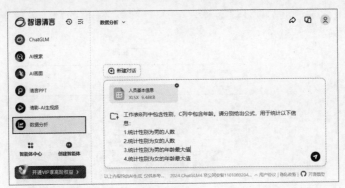

图 3-32

步骤 02 **返回公式**。发送内容后，系统将返回与提问相对应的多个公式，每条公式下方都会显示详细的释义，如图3-33所示。

步骤 03 **应用公式**。用户只需将公式复制到Excel表格中，即可计算出结果，如图3-34所示。

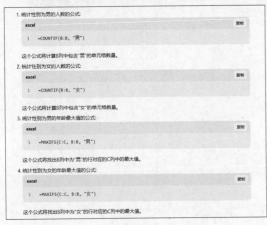

图 3-33

图 3-34

3.4 AIGC革新PPT创作

AIGC工具可以根据用户输入的主题或关键词，智能生成PPT大纲和匹配的模板，这些工具还具备文档导入和智能转换功能，能够将长篇文档快速转换为结构化的PPT内容，并自动配图，确保内容的紧密相关性和版权安全性。

3.4.1 AIGC根据主题生成PPT大纲

内容生成类智能工具可以根据用户提供的主题和内容，自动生成PPT演示文稿。这包括页面布局、图表、图片等元素的自动生成，从而大大减轻用户制作PPT的负担。下面使用"讯飞星火"以对话形式生成PPT。

步骤 01 **选择模板并发送主题**。打开"讯飞星火"官网，在左侧导航栏中选择"PPT生成"，进入PPT生成对话模式，在文本框中输入PPT的主题内容，在"PPT模板"区域选择一个合适的模板，随后输入提示词内容，如图3-35所示。

图 3-35

步骤 **02** 生成PPT大纲。系统随即自动生成PPT大纲。生成的大纲内容如下。

主标题：世界读书日活动策划

副标题：让阅读成为习惯，让知识改变未来

活动背景与意义

● 世界读书日起源与发展

● 读书日的重要性

● 活动目标与预期效果

活动主题设定

● 主题名称及创意来源

● 主题与读书日契合点

● 主题文化内涵与价值导向

活动内容安排

● 开幕式与主题演讲

● 阅读推广活动

● 读者互动环节

宣传与推广策略

● 多渠道宣传方案

● 社交媒体运营与互动

● 合作伙伴及赞助商邀请

活动资源与预算

● 场地与设施安排

● 嘉宾与讲师邀请费用

● 宣传与物料制作成本

活动评估与反馈

● 活动效果评估方法

● 参与者反馈收集方式

● 总结经验与改进方向

步骤03 生成PPT。 单击大纲内容下方的"一键生成PPT"按钮，即可生成一份网页形式的PPT。用户可通过界面右侧窗格中提供的选项对幻灯片进行进一步编辑，最后，单击页面右上角的"下载"按钮可以下载PPT，如图3-36所示。

图 3-36

3.4.2 WPS AI 一键生成幻灯片

WPS AI支持一键生成幻灯片。用户通过输入幻灯片主题或上传已有文档，可自动生成包含大纲和完整内容的演示文稿，极大地提高了演示文稿的制作效率和质量。下面介绍具体的操作方法。

步骤01 执行"智能创作"命令。 启动WPS Office，在首页中单击"新建"按钮，在展开的菜单中选择"演示"选项。在打开的"新建演示文稿"页面中单击"智能创作"按钮，如图3-37所示。

步骤02 发送主题。 系统随即新建一份演示文稿，并弹出WPS AI窗口，输入主题"火灾逃生指南"，单击"生成大纲"按钮，如图3-38所示。

图 3-37

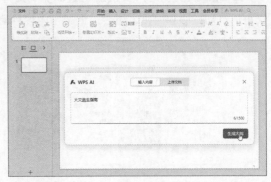

图 3-38

步骤03 生成PPT大纲。 WPS AI随即自动生成一份大纲，用户可以单击窗口右上角的"收起正文"或"展开正文"按钮，收起或展开大纲，以便对大纲的详情和结构进行浏览，如图3-39、图3-40所示。最后单击"生成幻灯片"按钮。

步骤04 选择模板并创建PPT。 随后打开的窗口中会提供大量幻灯片模板，在窗口右侧选择一个合适的模板，单击"创建幻灯片"按钮，如图3-41所示。

步骤**05** 生成PPT。WPS AI随即根据所选模板以及大纲内容自动生成一份完整的演示文稿，如图3-42所示。

图 3-39　　　　　　　　　　　　　　图 3-40

图 3-41

图 3-42

步骤**06** 浏览幻灯片页面。通过浏览幻灯片内容可以发现，WPS AI自动生成的幻灯片，不仅可以自动排版和美化，还会根据文字内容自动生成合适的配图，如图3-43所示。

图 3-43

动手练 自动生成教学课件

下面使用WPS AI自动生成一份教学课件PPT。

步骤01 发送主题。打开任意一个WPS演示文稿，在功能区中单击WPS AI按钮，打开WPS AI窗口，输入"《荷塘月色》教学课件"提示词，单击"生成大纲"按钮，如图3-44所示。

步骤02 生成PPT大纲。系统随即生成相应主题的PPT大纲，单击"生成幻灯片"按钮，如图3-45所示。

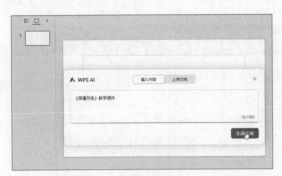

图 3-44

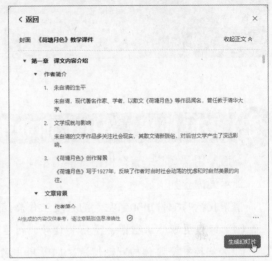

图 3-45

步骤03 选择模板，创建PPT。选择一个合适的幻灯片模板，单击"创建幻灯片"按钮，如图3-46所示。

步骤04 生成PPT。WPS AI随即自动生成一份《荷塘月色》教学课件，如图3-47所示。

图 3-46

图 3-47

步骤05 查看PPT效果。预览幻灯片，部分幻灯片页面效果如图3-48所示。

图 3-48

续图 3-48

拓展应用：AIGC辅助撰写工作总结

下面使用"文心一言"根据日常工作任务自动生成一份月度工作总结。

提示词内容如下。

请帮我撰写一份1000字左右的月度工作总结，我的具体工作内容如下。

（1）每日更新公司微博、微信公众号、抖音等平台内容，确保信息的时效性和吸引力。

（2）监控社交媒体的互动情况，回复用户留言，提升用户满意度和参与度。

（3）每周进行社交媒体数据分析，评估内容效果，调整发布策略。

（4）每月策划并执行两次邮件营销活动，包括促销通知、新品发布等。

（5）每周收集行业资讯，分析竞争对手动态，为市场策略提供数据支持。

生成内容如下。

月度工作总结报告

一、引言

随着数字化营销时代的到来，社交媒体与电子邮件营销已成为企业连接消费者、传递品牌价值的重要渠道。本月，作为公司数字营销团队的一员，我专注于提升社交媒体平台的活跃度与互动性，同时优化邮件营销策略，以期在激烈的市场竞争中脱颖而出。以下是对本月工作的详细总结与反思。

二、社交媒体运营

内容更新与维护

本月，我坚持每日更新公司微博、微信公众号及抖音等平台的内容，确保信息的时效性与吸引力。通过紧跟时事热点，结合公司产品特性，创作了一系列富有创意的图文、视频内容，有效提升了品牌曝光度。特别是在抖音平台，通过短视频挑战赛、产品使用教程等形式，成功吸引了大量年轻用户的关注与参与，单月视频播放量较前一月增长了30%。

互动管理

……

总之，本月的工作经历让我深刻认识到，数字营销是一场没有硝烟的战争，唯有不断创新与优化，才能在竞争中保持领先。我将以更加饱满的热情和专业的态度，迎接下一个月的挑战。

第4章
AIGC辅助图像处理

　　随着人工智能技术的迅猛发展，AIGC已成为绘画和图像处理领域的重要推动力。它不仅重新定义了人们的创作方式和思维模式，更为用户提供了前所未有的多样化和个性化的艺术作品与图像处理体验。在这一过程中，用户的操作显得尤为关键，因为他们不仅是创作的参与者，更是将技术潜力转化为独特艺术表达的引导者。通过灵活运用AIGC工具，用户能够在创作中实现自我表达，探索无限可能。

4.1 AIGC绘画入门

AIGC绘画是近年来随着人工智能技术的快速发展而兴起的一种新型绘画方式。它利用深度学习、计算机视觉等先进技术，通过算法和数据生成具有艺术美感和独特风格的绘画作品。

4.1.1 什么是AIGC绘画

AIGC绘画全称为人工智能生成内容绘画，是一种利用人工智能和计算机技术进行绘画创作的新型艺术形式。在AIGC绘画中，用户可以通过特定的软件或平台，输入相关的指令、参数或数据，如风格、颜色、形状等，利用人工智能算法进行绘画创作。这些算法会根据输入的信息自动生成具有艺术美感和创意性的绘画作品，图4-1、图4-2所示分别为不同风格的图像。

图 4-1

图 4-2

4.1.2 AIGC绘画与传统绘画的区别

AIGC绘画与传统绘画之间存在显著区别。这些区别不仅体现在创作过程中，还深刻影响着作品的特点和价值。如表4-1所示。

表4-1

维度	AIGC绘画	传统绘画
创作过程	由人工智能算法和数据驱动，用户输入参数，自动生成	艺术家手动创作，过程更具个性化和直觉性
作品特点	作品具有多样性和创新性，但可能缺乏深层情感表达	具有独特的笔触、色彩和构图，能够反映艺术家的个人情感和审美观念
创作工具	利用深度学习、神经网络等先进技术，以及大量的图像数据集进行训练	依赖传统的绘画工具和材料，如画笔、颜料、画布等
作品价值	创新性和效率，在特定领域（如游戏开发、动画制作）有广泛应用，但艺术价值和收藏价值相对较低	具有较高的艺术价值和收藏价值，能够传承历史文化，反映时代变迁

4.1.3 AIGC绘画的基本流程

AIGC绘画的基本流程包括需求分析、AIGC工具与平台的选择、输入描述与参数设置、图像生成与筛选以及后期调整与优化五个关键步骤。这些步骤共同构成了AIGC绘画的完整流程，帮助创作者高效地生成高质量的绘画作品。

1. 需求分析

在AIGC绘画的起始阶段，首先需要进行需求分析。这一步骤的核心是明确绘画的目的、主题、风格以及受众等关键要素。创作者需要考虑他们希望通过绘画表达的信息以及预期的受众反应。此外，还需确定绘画的具体细节，如颜色、构图、氛围等，这些都将对最终的绘画作品产生深远影响。通过深入分析，创作者能够为后续的绘画创作奠定坚实的基础。

2. AIGC 工具与平台的选择

在明确了绘画需求后，接下来需要选择一个合适的AIGC平台。这一过程涉及对多个平台的比较和评估，主要考虑因素包括平台的算法质量、生成速度、用户反馈以及操作便捷性等。创作者应选择一个既能提供高质量绘画作品又易于使用的平台，以满足其特定需求。

3. 输入描述与参数设置

选择好平台后，创作者需要在平台上输入详细的绘画描述或提示词。描述可以包括绘画的主题、风格、色彩、构图等方面的信息，而参数则可能涉及图像的分辨率、细节程度、风格强度等。精确的描述和合理的参数设置有助于生成更符合期望的绘画作品。

4. 图像生成与筛选

提交输入后，AIGC平台将根据描述和参数开始生成绘画作品。这个过程可能涉及算法处理、图像渲染等多个步骤，具体取决于所选的平台。图像生成后，平台通常会展示多个候选作品供创作者选择。创作者可以根据个人喜好和需求，对生成的图像进行筛选和评估，以确定最符合期望的作品。

5. 后期调整与优化

最后一步是对筛选出的绘画作品进行后期调整与优化。虽然系统已经生成了基本的绘画作品，但创作者可能还需要对作品进行进一步的修饰和完善。如调整颜色、修改构图、添加细节等步骤。通过后期调整与优化，创作者可以使绘画作品更加符合自己的期望和需求，同时提升作品的整体质量和观赏性。

4.2 文生图与图生图

在AIGC绘画领域，文生图与图生图是两种重要的技术。这两种技术都是基于人工智能算法，通过不同的方式生成或转换图像。

4.2.1 文本到图像的生成

文生图即文本到图像的生成，是指通过文字描述生成图像的技术。用户可以通过输入一段描述性的文本，例如一个场景、一个人物或物体的描述，然后AIGC算法会根据这段文本生成一张与之匹配的图像。这一技术利用深度学习和人工智能算法，将用户输入的文本信息转换为视觉图像，广泛应用于艺术创作、广告设计、游戏开发等多个领域。

在AIGC绘画的文生图技术中，提示词的撰写至关重要，直接影响着最终图像的生成效果。以下是一些撰写文生图提示词的建议。

1. 明确主题

明确主题是撰写提示词的第一步。用户应清晰地确定想要生成的主要对象或场景。例如，用户希望生成一幅关于"森林"的图像，描述可以进一步细化为"清晨的迷雾森林，阳光透过树梢"。明确的主题有助于系统理解用户的意图，从而生成更符合期望的图像，如图4-3所示。

2. 细化描述

细化描述是提升图像质量的重要环节。用户应提供尽可能多的细节，包括颜色、形状、大小和情感等。例如，描述可以是"一片湛蓝天空下，几朵蓬松的白云悠闲漂浮，阳光透过树叶间隙，洒下斑驳光影，绿叶被染上了一层淡淡的金黄"。通过细化描述，AIGC能够更准确地捕捉到场景中的细节和情感，从而生成更生动、真实的图像，如图4-4所示，满足用户的期望并增强视觉体验。

图 4-3

图 4-4

3. 动态与静态

在撰写提示词时，动态与静态的选择也非常重要。用户需要考虑所描述的对象是动态还是静态。动态描述可以传达出动作和活力，例如"在风中飞舞的彩色气球"，其效果可参考图4-5。而静态描述则可以营造出宁静的氛围，如"湖面上倒映着静谧的山影"，其效果可参考图4-6。这种描述方式的不同将直接影响最终图像的表现力和情感表达。

图 4-5

图 4-6

4. 时间与天气

时间与天气的设置同样能够显著影响图像的氛围。用户可以描述图像的时间背景，例如，描述"晨曦初照的森林小径"能够传达一种清新和宁静的氛围，如图4-7所示。而"暴风雨中的海岸线"则可能营造一种激烈和动荡的情感，如图4-8所示。这些时间与天气的元素不仅为图像设定了特定的背景，还能够激发观者的共鸣，提升整体的视觉体验。

图 4-7　　　　　　　　　　　　　　　　　图 4-8

5. 创意与抽象

创意与抽象的表达可以为图像增添独特性。用户可以尝试使用富有创意和想象力的描述，例如将画面构想为"梦境中漂浮的彩虹岛屿"，这样的表述不仅突破了现实的界限，引领观者进入一个奇幻的世界，还激发了无限遐想，让图像充满了不可言喻的魅力与深度，如图4-9所示。如"星河倾泻下的静谧湖畔"这样的抽象与具象交织的描绘，既展现了宇宙的浩瀚无垠，又捕捉到了宁静湖泊下的微妙情感，为图像披上了一袭神秘而迷人的外衣，如图4-10所示。

图 4-9　　　　　　　　　　　　　　　　　图 4-10

6. 组合提示词

将多个提示词组合在一起，以形成更丰富的描述。通过将多个提示词结合在一起，用户能够传达更复杂的场景和情感。例如，"在阳光明媚的午后，一个穿着传统汉服的女孩站在一座古老的石桥上，周围是潺潺流水与随风摇曳的垂柳，远处连绵起伏的青山若隐若现，天空中飘着几朵洁白如雪的云彩。"这样的描述不仅勾勒出了具体的环境（午后、石桥、流水、垂柳、青山、白云），还融入了人物形象（穿汉服的女孩）以及时间感（阳光明媚的午后），共同营造出一幅宁静、和谐而又不失生机的动人画面，图4-11、图4-12所示分别为不同风格的效果。

图 4-11

图 4-12

7. 避免模糊与歧义

在撰写提示词时，避免模糊与歧义是至关重要的。用户应尽量使用具体而清晰的词汇，避免使用模糊的形容词，例如"美丽"或"好看"。这些词汇往往难以传达明确的意图，可能导致生成的图像与预期不符。通过具体化描述，例如，"一个穿着白色连衣裙的女孩在花丛中微笑"，可以大大提高生成图像的准确性，效果如图4-13所示。

图 4-13

动手练 生成不同风格的绘画作品

【练习1】水墨画

步骤01 输入提示词。 请生成一幅水墨画，描绘一片宁静的山水景色。画中有高耸的山峰、潺潺的小溪，以及几只悠闲的白鹭在水边栖息。整体色调以黑白为主，带有淡淡的灰色，体现出传统中国水墨画的韵味。

步骤02 生成创意图像。 完成提示词的输入后，单击"立即生成"按钮。系统将根据描述和参考图自动生成创意图像，生成的图像效果如图4-14所示。

图 4-14

步骤 03 **查看效果**。单击生成的任意一张图像，即可查看其详细效果，如图4-15所示。

图 4-15

【练习2】水彩画

步骤 01 **输入提示词**。请生成一幅水彩画，描绘一种宁静的乡村风光。画面中有绿色的田野、开满野花的小路，以及一座古老的农舍。天空中飘着几朵白云，整体色调应柔和，展现乡村的恬静与自然之美。

步骤 02 **生成创意图像**。输入提示词后，单击"立即生成"按钮。系统将根据描述和参考图自动生成创意图像，生成的图像效果如图4-16所示。

图 4-16

步骤 03 **查看效果**。单击生成的任意一张图像，即可查看其详细效果，如图4-17所示。

图 4-17

【练习3】油画

步骤 01 输入提示词。请生成一幅静物油画，画面中央摆放着一束色彩斑斓的鲜花，旁边可以搭配一些水果和瓷器。我希望画面中的每一朵花瓣、每一片叶子、每一个果实都能被细腻地描绘出来，色彩鲜艳且富有质感。背景可以选择柔和的暖色调，营造出一种温馨而宁静的氛围。

步骤 02 生成创意图像。单击"立即生成"按钮。系统将根据描述和参考图自动生成创意图像，生成的图像效果如图4-18所示。

图 4-18

步骤 03 查看效果。单击生成的任意一张图像，即可查看其详细效果，如图4-19所示。

图 4-19

【练习4】素描

步骤 01 输入提示词。请生成一幅素描，描绘一处繁忙的城市街景。画面中有高楼大厦、穿行的人群和街边的小商店。细节应包括行人的表情、车辆的轮廓和路边的树木，整体风格应为黑白线条，展现城市生活的活力与节奏。

步骤 02 生成创意图像。输入提示词后，单击"立即生成"按钮。系统将根据描述和参考图自动生成创意图像，生成的图像效果如图4-20所示。

图 4-20

步骤 03 查看效果。单击生成的任意一张图像，即可查看其详细效果，如图4-21所示。

图 4-21

4.2.2　图像到图像的转换

图生图即图像到图像的生成，是指通过输入一幅图像生成另一幅图像的技术。这一技术在计算机视觉和深度学习领域得到了广泛应用，主要用于图像转换、风格迁移、图像修复等任务。图生图技术的核心在于利用深度学习模型，特别是生成对抗网络和条件生成模型，来实现图像之间的转换。

在使用AIGC图生图时，用户通常需要上传一张原始图片，或输入一段详细的描述性文本作为参考。为了确保生成图像的质量，用户必须保证上传的图片具有足够的清晰度，且描述性文本应尽可能精确和详细，以便生成符合预期的图像。AIGC平台通常会提供多样化的参数和设置选项，包括图像的分辨率、风格类型、颜色模式以及细节程度等。对于新手用户而言，深入了解和熟悉这些参数对于获取理想的生成效果至关重要。用户需根据具体需求和所用工具的特性，耐心细致地调整参数并进行优化。这一过程可能涉及多次试验与微调，旨在探索最佳的参数组合，确保生成的图像不仅在视觉上令人惊艳，还能最大程度地贴合用户的创意构想。

在AIGC绘画领域，图生图技术的应用场景尤为广泛。以下是几个典型的应用场景。

- **风格迁移**：将一种绘画风格应用于另一幅图像上，如将油画风格迁移到照片上，或将素描风格应用于线描图上。这种技术为艺术家提供了快速尝试不同风格的可能性，有助于激发创作灵感。

- **图像修复**：对于受损或低质量的图像，可以利用图生图技术进行修复。通过输入受损的图像和一段描述性文本，模型可以自动填充缺失的部分或修复受损区域，使图像恢复为完整且高质量的状态。

- **图像增强**：提高图像的视觉效果，如增强对比度、亮度或色彩饱和度等。此外，还可以将低分辨率的图像转换为高分辨率的图像，提高图像的清晰度。这种技术对于艺术创作和图像处理领域具有重要意义。

- **个性化创作**：用户可以根据自己的需求和喜好，输入一段描述性文本或上传一幅图像作为参考，然后利用图生图技术生成具有个性化风格的图像。这种技术为艺术家和创作者提供了更多的创作自由和可能性。

动手练 图像转换为插画

【练习5】真人照片转手绘插画

步骤01 **导入参考图像。** 在即梦AI的"AI作图"界面中，单击文本框中的"导入参考图"按钮，上传图像。上传完成后，在"参考图"对话框中设置参数，如图4-22所示。

图 4-22

步骤02 **输入提示词。** 请将该图转换为手绘风格的插画，保留人物的特征和表情，同时加入艺术化的处理，如夸张的线条和鲜明的色彩，创造出既具有个性又充满艺术气息的插画作品。

步骤03 **生成创意图像。** 输入提示词后，单击"立即生成"按钮，系统将根据描述和参考图自动生成创意图像，生成的图像效果如图4-23所示。

图 4-23

步骤04 **查看效果。** 单击生成的任意一张图像，即可查看其详细效果，如图4-24所示。

图 4-24

【练习6】草图优化

步骤01 导入参考图像。在即梦AI的"AI作图"界面中，单击文本框中的"导入参考图"按钮，上传图像。上传完成后，在"参考图"对话框中设置参数，如图4-25所示。

步骤02 输入提示词。根据提供的草图，生成一个详细版本的建筑群图像效果。保留草图中的基本形状和轮廓，为建筑物表面添加纹理，调整亮度和对比度，使图像更具立体感。细致地画出草丛和小树，增强画面的生动性。从远景到近景逐步填充颜色，注意色彩的过渡和协调。绘制远处的山脉和天空，添加云朵，营造深远的视觉空间。

图 4-25

步骤03 生成创意图像。输入提示词后，单击"立即生成"按钮，系统将根据描述和参考图自动生成创意图像，生成的图像效果如图4-26所示。

图 4-26

步骤04 查看效果。单击生成的任意一张图像，即可查看其详细效果，如图4-27所示。

图 4-27

【练习7】风景照片转换为油画效果

步骤01 导入参考图像。在豆包的"图像生成"界面中，单击文本框中的"参考图"按钮 📷参考图 ，上传图像，如图4-28所示。

步骤02 设置图像风格。单击"风格"按钮 ✏风格 ，在弹出的菜单中选择"油画"选项，如图4-29所示。

图 4-28   图 4-29

步骤 03 **输入提示词。** 要求画面展现油画的质感特征，包括明显的笔触效果、色彩层次丰富的叠加以及光影的细腻变化。重点关注树木、天空和水面的自然过渡，确保整体画面和谐生动。

步骤 04 **生成创意图像。** 输入提示词后，单击"发送"按钮 ⬆，系统将根据描述和参考图自动生成创意图像，生成的图像效果如图4-30所示。

图 4-30

步骤 05 **查看效果。** 单击生成的任意一张图像，即可查看其详细效果，如图4-31所示。

图 4-31

【练习8】名画风格迁移

步骤01 导入参考图像。在豆包的"图像生成"界面中,单击文本框中的"参考图"按钮 参考图 ,上传图像,如图4-32所示。

步骤02 输入提示词。请将该图转换为具有莫奈印象派风格的风景画,大胆使用鲜艳的色彩,以增强画面的视觉冲击力。在笔触方面,画面能够展现莫奈那种快速、斑斓的笔触,通过细腻的笔触和色彩来捕捉瞬间的光影变化,使画面充满生动与真实感。

图 4-32

步骤03 生成创意图像。输入提示词后,单击"发送"按钮 ↑ ,系统将根据描述和参考图自动生成创意图像,生成的图像效果如图4-33所示。

图 4-33

步骤04 查看效果。单击生成的任意一张图像,即可查看其详细效果,如图4-34所示。

图 4-34

4.2.3 AIGC双生艺术实践

本次实践以"莲花"为主题，通过"文生图"与"图生图"的双重艺术生成过程，探索人工智能在艺术创作中的无限可能。

1. 灵感来源

莲花，出淤泥而不染，濯清涟而不妖，自古以来便是文人墨客笔下歌颂的对象。历朝历代，无数诗人以莲花为题，留下了传世佳作。本次实践精选以下几句经典古诗作为灵感来源：

- 中通外直，不蔓不枝，香远益清，亭亭净植（周敦颐《爱莲说》）。
- 接天莲叶无穷碧，映日荷花别样红（杨万里《晓出净慈寺送林子方》）。
- 江南可采莲，莲叶何田田，鱼戏莲叶间（汉乐府《江南》）。
- 小荷才露尖尖角，早有蜻蜓立上头（杨万里《小池》）。
- 惟有绿荷红菡萏，卷舒开合任天真（李商隐《赠荷花》）。

2. 文图交融

在"文生图"阶段，将选取的古诗名句输入AIGC绘画工具，通过自然语言处理技术生成与诗句意境相符的荷花图像。AIGC通过学习海量图像数据，能够理解诗句的深层含义，并生成具有艺术感的视觉画面。

在"图生图"阶段，将"文生图"生成的荷花图像作为基础，进一步运用AIGC风格迁移技术，将图像转绘为金农风格和莫奈风格。

- **金农风格**：金农是清代著名画家，被誉为"扬州八怪"之首。其画风古朴典雅，笔墨简练，擅长以书法入画。金农风格转绘能够赋予图像中国传统水墨画的韵味，线条流畅，墨色浓淡相宜，展现出莲花的清雅脱俗。
- **莫奈风格**：莫奈是法国印象派画家，其画风以光影变幻和色彩细腻著称。莫奈风格转绘能够赋予图像柔和的光影效果和丰富的色彩层次，展现出莲花的自然之美与诗意氛围。

3. 体验流程

本节AIGC双生艺术实践的体验流程设计以用户交互为核心，通过触摸屏操作与墙面投影相结合，打造沉浸式的艺术创作体验，实际场景如图4-35所示。详细的体验步骤如下。

图 4-35

步骤 01 **开始体验**。单击触摸屏的"开始体验"按钮。进入软件的选择古诗页面，墙面投影同步显示右边的首页画面，如图4-36所示。

图 4-36

步骤02 选择古诗。单击选择第二页的"古诗"按钮，进入软件对应的提示词页面，墙面投影还是同步显示右边画面，如图4-37所示。

图 4-37

步骤03 文图生成。假设选择单击第一个"古诗"按钮，进入对应的提示词页面，墙面投影同步显示对应的提示词画面。单击页面的"文生图"按钮后，进入软件的文生图页面，墙面投影同步显示文生图画面。单击"图生图"按钮后，将生成金农风格和莫奈风格的图像效果，如图4-38所示。

图 4-38

✅**知识链接** 在上述操作中用到的软件有以下几种。
- SD（Stable Diffusion）：一种基于扩散模型的先进AI图像生成技术，能够高效生成高质量、多样化的图像。
- ComfyUI：ComfyUI是一个专为Stable Diffusion设计的基于节点的图形用户界面，允许用户通过连接不同节点构建复杂的图像生成工作流程。
- ChatGPT：通过提供文本描述或指令来辅助生成图片。
- Microsoft Visual Studio Community：一款功能强大且免费的集成开发环境（IDE），专为开发者提供全面的编程和调试支持，适用于各种规模和类型的软件开发项目。

4.3 AIGC图像处理技术

在AIGC领域中，图像处理技术扮演着至关重要的角色。通过先进的算法和模型，AIGC图像处理技术能够实现图像的抠取与合成、修复提升图像质量、为黑白图像上色以及快速模板制作等多种功能。

4.3.1 图像的抠取与合成

图像的抠取是AIGC图像处理技术中的一项关键功能，它旨在从原始图像中精确分离出目标对象或特定区域。以下是图像抠取的主要步骤和方法。

1. 手动抠取

手动抠图是图像抠取中最直接、最传统的方法。它依赖于图像编辑软件（如Photoshop）中的专业工具，如套索工具、魔术棒工具等。用户需要手动在图像上勾勒出目标对象的轮廓，从而将其从背景中分离出来，如图4-39、图4-40所示。这种方法虽然精度较高，但操作烦琐，且对用户的操作技巧有一定要求。

图 4-39

图 4-40

2. 半自动抠取

半自动抠图方法结合了手动操作和辅助工具的优点，如磁性套索、魔术橡皮擦等。这些工具能够根据图像的颜色、纹理等特征，自动或半自动地追踪目标对象的轮廓，从而加快抠图速度，如图4-41、图4-42所示。然而，半自动抠图仍然需要用户的参与和调整，以确保抠图的准确性和完整性。

图 4-41

图 4-42

3. 基于阈值抠图

　　基于阈值抠图是一种基础的图像处理技术，主要用于从图像背景中分离出前景对象。该技术依据像素的亮度或颜色强度，将图像转换为仅包含黑白两色的图像。在这个过程中，亮度或颜色强度高于预设阈值的像素被划分为前景（通常显示为白色），而低于阈值的像素则被划分为背景（通常显示为黑色）。这种技术特别适用于前景与背景对比明显、颜色差异较大的图像，如图4-43～图4-45所示。

图 4-43　　　　　　　　　　图 4-44　　　　　　　　　　图 4-45

4. 自动抠取

　　利用机器学习或深度学习算法，可以自动识别并分离出图像中的目标对象，如图4-46、图4-47所示。这些算法通常基于颜色、纹理、形状等特征进行训练，能够高效地处理大量图像。自动抠取技术大大减少了人工干预，提高了处理效率。

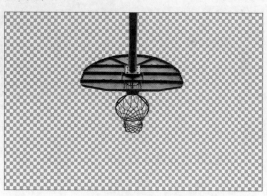

图 4-46　　　　　　　　　　　　　　　　图 4-47

　　图像合成是指将抠取出的对象或区域与其他图像或背景进行无缝结合，以创建新的图像。以下是图像合成的主要步骤和方法。

- **选择背景**：根据抠取对象的内容和整体设计需求，精心挑选合适的背景图像，以营造出理想的视觉效果。
- **调整对象尺寸角度**：对抠取出的对象进行大小缩放和角度旋转，确保其与新背景在尺寸和角度上完美匹配，呈现自然的视觉效果。
- **颜色调整**：通过调整亮度、对比度、饱和度等，使抠取出的对象的颜色与背景色彩更加和谐统一，增强图像的整体美感。

- **边缘处理：** 使用羽化、透明度调整等方法，使抠取对象的边缘与背景的融合更加自然。
- **光影处理：** 在合成过程中，要充分考虑光源的方向和强度，为抠取对象添加合适的光影效果，以增加其立体感和真实感。
- **添加特效：** 根据需要，为合成图像添加滤镜、纹理、文字等特效元素，以丰富图像的内容和表现力。
- **细节优化：** 检查合成图像的细节部分，进行必要的修饰和调整，使整体效果更加逼真。

动手练 沙发的抠取与场景的合成

【练习 9】抠取沙发

步骤01 上传图像。在豆包AI中，单击"AI抠图"按钮，如图4-48所示。

步骤02 上传图像。如图4-49所示，在弹出的"打开"对话框中选择要上传的图像。选中后，单击"打开"按钮以完成上传。

图 4-48

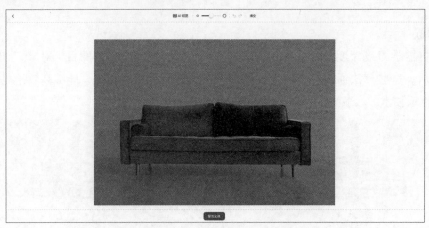

图 4-49

步骤03 抠除背景。单击"抠出主体"按钮，系统将开始对图像进行处理，效果如图4-50所示。

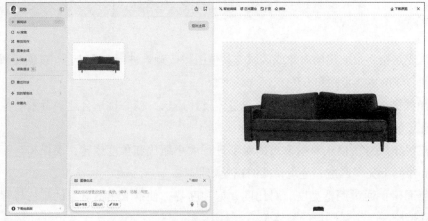

图 4-50

【练习10】合成场景

步骤01 智能编辑。 在该界面右侧单击"智能编辑"按钮 ✎智能编辑，如图4-51所示。

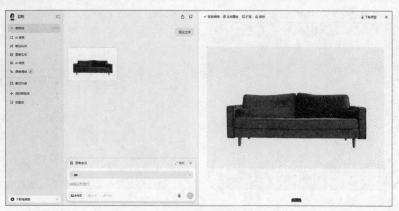

图 4-51

步骤02 输入提示词。 将该沙发融入一个现代简约风格的家居场景中。沙发的背景墙上，挂着几幅充满艺术气息的抽象画。沙发的旁边矗立着一个高高的书架，上面摆满了各种各样的书籍和装饰品。书架的木质质感与沙发的底部相呼应，增添了一份自然与质朴的感觉。在沙发的正前方，铺设着一块浅色系的地毯，此外，一盏柔和的落地灯被放置在沙发的一侧，为整个场景增添了一份温馨和浪漫。

步骤03 生成创意图像。 完成提示词输入后，单击"发送"按钮 ↑。系统将根据描述和参考图自动生成创意图像，生成的图像效果如图4-52所示。

图 4-52

4.3.2 修复提升图像质量

AIGC修复提升图像质量是指利用人工智能技术对图像进行检测、分析和处理，以恢复或增强图像的视觉效果。以下是一些常见的AIGC技术在图像质量修复和提升方面的应用。

1. 超分辨率重建

超分辨率重建技术利用深度学习算法，将低分辨率图像放大至高分辨率，同时保持图像的细节和清晰度。例如，在平面设计领域，设计师可能需要将一张低分辨率的图标或图片放大到较大的尺寸用于海报或广告中。通过超分辨率重建技术，可以将这些低分辨率的图像放大到高分辨率，同时保持其细节和清晰度，如图4-53、图4-54所示。

图 4-53 图 4-54

2. 去噪处理

去噪处理技术利用算法识别和去除图像中的噪声，这些噪声可能来源于传感器、传输过程或存储介质等。例如，在网页设计中，由于网络传输或压缩算法等原因，图片可能会产生噪点或模糊。通过去噪处理技术，可以去除这些噪点，使图片看起来更加清晰、平滑，提升网页的整体视觉效果。如图4-55、图4-56所示。

图 4-55 图 4-56

3. 色彩校正与增强

色彩校正与增强技术通过调整图像的色彩平衡、亮度和对比度等参数，改善图像的整体视觉效果。例如，在电商平台的商品展示中，由于拍摄环境或设备的影响，商品图片的色彩可能存在偏差。通过色彩校正与增强技术，可以调整图片的色彩参数，使其更加真实和吸引人，提高商品的点击率和购买转化率，如图4-57、图4-58所示。

4. 破损图像修复

破损图像修复技术利用算法识别和修复图像中的破损区域，如划痕、污渍、缺失部分等。例如，在数字艺术品修复中，一些古老的画作或照片可能因时间流逝而受损，出现裂痕、褪色或缺失部分。传统的修复方法可能需要耗费大量的时间和人力，且难以达到完美的修复效果。相比之下，破损图像修复技术通过先进的算法分析，能够更为精准地识别图像中的破损特征，并依据图像的整体结构和色彩分布，智能地填充和修复这些受损区域，如图4-59、图4-60所示。

图 4-57

图 4-58

图 4-59

图 4-60

5. 图像锐化

图像锐化技术通过增强图像中的边缘和细节，使图像看起来更加清晰、锐利。例如，在摄影作品中，由于镜头或拍摄条件等原因，照片可能会显得有些模糊。通过图像锐化技术，可以增强照片中的轮廓和细节，使画面更加生动和具有冲击力，如图4-61、图4-62所示。

图 4-61

图 4-62

动手练 **图像的修复与提升**

【练习11】抠取沙发

步骤01 上传图像。在佐糖①中，单击"AI图片去水印"按钮，进入如图4-63所示的界面。单击"上传图片"按钮，在弹出的"打开"对话框中选择要上传的图像。选中后，单击"打开"按钮完成上传。

①一款智能图像处理软件。

图 4-63

步骤 02 涂抹水印。进入操作界面，使用"笔刷"工具涂抹图像右下角的水印部分，如图4-64所示。

图 4-64

步骤 03 去除水印。单击"开始去除"按钮，系统开始对图像进行处理，效果如图4-65所示。

图 4-65

【练习12】一键变清晰

步骤 01 上传图像。在佐糖中单击"照片变清晰"按钮，进入如图4-66所示界面。单击"上传图片"按钮 ，在弹出的"打开"对话框中选择要上传的图像。选中后单击"打开"按钮完成上传。

图 4-66

步骤02 **查看处理结果**。上传图像后，系统开始对图像进行处理。处理时间因图像大小和平台负载而异，处理完成后，可以仔细查看并与原始图像进行对比，如图4-67所示。

图 4-67

步骤03 **编辑更多与保存**。单击"编辑更多"按钮，可选择还原笔刷和消除笔刷进行调整，调整完成后可保存并下载，效果如图4-68所示。

图 4-68

4.3.3 为黑白图像上色

AICG为黑白图像上色的工作原理主要基于深度学习算法。通过训练大量的图像数据，神经网络能够自动学习并提取图像中的颜色信息。然后将这些颜色信息应用到黑白图像上，实现颜色的智能填充，如图4-69、图4-70所示。

图 4-69　　　　　　　　　　　　　　　　　　　　　　　图 4-70

AICG为黑白图像上色的技术在多个领域展现出了广泛的应用前景。

● **历史影像修复**：许多历史照片是黑白影像，无法展现当时的色彩氛围。利用AICG技术，我们可以为这些历史照片注入丰富的色彩，让人能更加直观地感受到历史的风貌。

● **艺术创作**：艺术家们可以利用AICG技术，在黑白画稿上创造出各种色彩风格的作品。这种技术还可以用于电影、动画等方面的色彩设计，为创作者提供多样的表现手法。

● **个性化定制**：用户可以上传自己的黑白照片，利用AICG技术为其上色。这种个性化定制服务不仅具有很高的实用价值，还为人们带来满满的回忆。

● **教育与科研**：在教育和科研领域，AICG技术可以帮助学者们更好地分析黑白图像中的颜色信息，为相关研究提供有力支持。

动手练 为不同的图像进行上色

【练习13】为黑白人物照片上色

步骤01 上传图像。在佐糖中单击"黑白照片上色"按钮，进入如图4-71所示界面。单击"上传图片"按钮 ⚫上传图片 ，在弹出的"打开"对话框中选择要上传的图像。选中后单击"打开"按钮完成上传。

图 4-71

步骤02 **查看处理结果。** 上传图像后，系统将开始对图像进行处理。处理时间可能因图像大小和平台负载而异，处理完成后，可以仔细查看并与原始图像进行对比，如图4-72所示。

图 4-72

步骤03 **保存图像。** 单击"下载图片"按钮，下载上过颜色的图像，效果如图4-73所示。

图 4-73

【练习14】为风景照片上色

步骤01 **导入参考图像。** 在即梦AI[①]的"AI作图"界面中单击文本框中的"导入参考图"按钮，上传图像。上传完成后，在"参考图"对话框中设置参数，如图4-74所示。

图 4-74

————————

①一款智能图像处理软件。

步骤 02 **输入提示词**。请为该黑白风景照片进行上色处理。山顶的雪染上银白，山体覆盖绿色植被，树木呈现深浅不一的绿色，天空与云朵则采用淡蓝与白色调。

步骤 03 **生成创意图像**。单击"立即生成"按钮，系统将根据描述和参考图进行上色处理，生成的图像效果如图4-75所示。

图 4-75

步骤 04 **查看效果**。单击生成的任意一张图像，即可查看其详细效果，如图4-76所示。

图 4-76

4.4 AIGC在设计行业中的应用

AIGC在设计行业中的应用正在不断拓展，其独特的创造力和高效性为设计行业带来了前所未有的变革。以下是AIGC在几个关键行业中的具体应用。

4.4.1 娱乐与媒体

AIGC在娱乐与媒体领域的应用正在迅速发展，改变了内容创作的方式和观众的体验。AIGC技术利用深度学习和生成对抗网络等先进算法，能够自动生成文本、图像、音频和视频等多种形式的内容。这些技术的应用不仅提高了创作效率，还丰富了内容的多样性和互动性。在角色和场景的生成方面表现得尤为突出，具体表现在以下几个方面。

1. 角色

在角色生成方面，AIGC技术能够基于用户输入或预设参数，创造出具有独特外观和性格特征的角色。这些角色在游戏、动画、虚拟偶像等多个领域得到了广泛应用，充分满足用户对个性化角色的需求。通过深度学习和动作捕捉技术，AIGC不仅可以生成静态角色图像（图4-77），还能制作出流畅自然的角色动画（图4-78）。这些动画能够根据情境和角色性格进行智能调整，增强角色的真实感和互动性。此外，AIGC能够捕捉和分析人类情感特征，将这些特征融入角色设计中，使角色表现出丰富的情感变化，进一步提升观众的沉浸感和情感共鸣。

图 4-77

图 4-78

2. 场景

在场景生成方面，AIGC技术同样展现出强大的能力。它能够生成各种风格的虚拟场景。在电影制作中，能够根据剧本和导演的要求，自动生成未来城市、奇幻世界等逼真的虚拟场景，如图4-79所示。这不仅降低了拍摄成本，还为观众提供了震撼的视觉体验。在游戏开发中，可以生成细节丰富且高度真实的游戏场景，使玩家能够沉浸在多样化的游戏世界中，如图4-80所示。

图 4-79

图 4-80

4.4.2 广告与设计

AIGC技术在广告与设计领域日益重要，其优势在于提升设计效率、拓展创意并降低成本。通过自动化与智能化，AIGC能自动生成视觉元素及完整画面，缩短周期并节省成本，同时为设计师提供丰富的创意素材，使作品更新颖独特。以标志设计和包装设计为例，AIGC技术的应用具体体现在以下几个方面。

1. 标志

在标志设计中，AIGC技术可以根据企业的品牌理念、文化特色等信息，自动生成多种风格的企业标志设计方案。这些方案不仅具有高度的创意性和独特性，还能满足企业的品牌传播需求。设计师只需输入提示词或设计意图，系统便能自动生成一系列高度个性化的标志图案，节省了传统设计过程中的草图和迭代时间，如图4-81、图4-82所示。这些生成的图案不仅具有高度的辨识度和美感，还能精准地传达品牌的核心价值，帮助企业在激烈的市场竞争中脱颖而出。

图 4-81

图 4-82

2. 包装

在包装设计中，AIGC技术能够迅速生成多种包装设计原型，供设计师选择并进行必要的修改，从而显著缩短设计周期。此外，该技术还能为不同的消费者群体或个体量身定制独特的包装设计，满足日益增长的个性化需求，增强消费者的归属感与品牌忠诚度。AIGC技术擅长模仿各种艺术风格，如现代简约、复古怀旧、手绘艺术等，为包装设计提供多样化的风格选择，如图4-83所示。通过深度学习，AIGC能够创造出新颖的色彩搭配与图案设计，为包装赋予独特的视觉冲击力，如图4-84所示。

图 4-83

图 4-84

4.4.3　电商与零售

AIGC技术作为一股新兴的力量，正在深刻改变着电商与零售行业的面貌。从商品展示到模特应用，该技术正以其独特的优势，为电商与零售领域带来前所未有的创新与突破。

1. 商品

利用AIGC技术，可以自动生成商品的主图。例如，在家居品类中，AIGC能够生成具有氛围感的背景，从而使家居产品的展示更加吸引用户，同时显著降低实地拍摄的成本，如

图4-85、图4-86所示。此外，AIGC技术可以创建虚拟试衣间或虚拟展示环境，让消费者在购买前通过AR/VR技术"试用"商品。这种方式不仅提升了用户体验，还帮助消费者更好地了解产品。

图 4-85

图 4-86

通过AIGC技术，还可以设计出更具创意和吸引力的商品详情页，增强产品的展示效果。同时，该技术能够分析用户的购物历史和浏览行为，生成个性化的商品推荐，这种推荐不仅提高了销售转化率，还显著增强了消费者的购物体验。

2. 模特

AIGC可以生成不同体型、肤色、发色和面部特征的虚拟模特，帮助服装品牌商更好地展示其产品在不同用户身上的效果。这有助于品牌树立多样性，吸引更多的受众。如图4-87所示。这种定制化的展示方式不仅提升了消费者的参与感，还能够有效提高购买意愿。

图 4-87

拓展应用：使用AIGC生成水墨十二生肖

本练习旨在通过水墨画风格的拟人化设计，赋予十二生肖独特的人物形象，以传承和弘扬中华文化。每个生肖将被赋予独特的个性、故事背景和艺术表现，适用于文化传播、艺术展览、商品化等多个领域。

步骤01 **主题确定**。确定主题后，借助AIGC生成相关的设计方案。打开"智谱清言"，输入提示词：十二生肖角色图像的文字描述，水墨风格。

步骤02 **灵感激发**。"智谱清言"根据该提问生成以下方案。

以下是十二生肖角色的水墨风格文字描述，强调每个角色的独特性与文化内涵。

（1）鼠。描述：一位身材娇小的年轻人，面容灵动，眼神机智。头上有一对小巧的鼠耳，耳尖微微翘起，身穿淡墨色的长袍，衣服上有细腻的水墨花纹，手中捧着一卷古籍，展现出对知识的渴望与智慧的追求。

（2）牛。描述：一位高大健壮的农夫，面容刚毅，眉宇间透着坚定。头上有一对粗壮的牛角，象征着力量与勤奋。他身穿朴素的水墨色农服，衣物上沾有泥土的痕迹，手握一把锄头，表现出辛勤耕作的精神。

（3）虎。描述：一位英俊的武士，气宇轩昂，面带自信的微笑。头上有一对威猛的虎耳，耳边飘逸着墨色的长发。身穿水墨风格的华丽长袍，衣服上绘有虎纹，手握一把长剑，彰显出勇敢与正义的气概。

（4）兔。描述：一位温柔可爱的少女，脸庞柔和，眼神灵动。头上有一对长长的兔耳，轻轻耸动，身穿水墨花裙，裙摆如水波荡漾，手中捧着一束鲜花，象征着她的温柔与梦想。

（5）龙。描述：一位气宇轩昂的年轻人，面容英俊，身姿修长。头上有一对飘逸的龙角，衣袍上绘有龙纹，流露出神秘感。身穿水墨风格的长袍，手握一根长杖，展现出智慧与领导能力。

（6）蛇。描述：一位温婉的仕女，头上有一对长长的兔耳，轻轻耸动，身着绣花罗裙，手中拿着一把团扇，象征她的温柔和优雅。

（7）马。描述：一位阳光帅气的骑士，面带灿烂的笑容，身材健壮。头上有一撮飘逸的马鬃，身穿水墨风格的骑士装，衣物上有简单的墨迹，手握马鞭，展现出对自由与冒险的热爱。

（8）羊。描述：一位温文尔雅的女子，面带甜美的微笑，气质优雅。头上有一对柔软的羊角，身穿水墨长裙，裙上绘有细腻的花卉图案，手中捧着一支画笔，象征着她对艺术的热爱与追求。

（9）猴。描述：一位活泼的年轻人，面带调皮的笑容，身材灵活。头上有一对灵动的猴耳，身穿水墨风格的休闲装，衣物上有着活泼的墨迹，手中拿着一个小鼓，展现出他带给大家的欢乐与笑声。

（10）鸡。描述：一位精力充沛的少女，面带自信的微笑，身材匀称。头上有鲜艳的鸡冠，身穿水墨风格的现代装，衣物上有明亮的水墨色彩，手中拿着一个时钟，象征着她对时间的珍惜与生活的热爱。

（11）狗。描述：一位忠诚友善的年轻人，面带温暖的微笑，身材结实。头上有一对竖起的狗耳，身穿水墨风格的休闲装，衣物上有温暖的墨色，手中抱着一只小狗，象征着他的友善与守护精神。

（12）猪。描述：一位憨态可掬的青年，面带灿烂的笑容，身材丰满。头上有一对小巧的猪耳，身穿水墨风格的宽松衣服，衣物上有着温暖的水墨图案，手中捧着一盘美食，象征着他对生活的热爱与享受。

总结

以上十二个角色通过水墨风格的设计，展现了各自独特的个性与文化内涵，结合了传统与现代的元素，使每个角色在拟人化的过程中与其生肖特征紧密相连。这样的设计不仅富有艺术感，而且传达出了中华文化的深厚底蕴。

步骤 03 **生成创意图像**。打开豆包AI[①]，进入"图像生成"界面，输入鼠的提示词，单击"立即生成"按钮，效果如图4-88所示

步骤 04 **保存图像**。选择目标图像并保存，效果如图4-89所示。

图 4-88

图 4-89

步骤 05 **继续生成其他图像**。输入其他生肖的提示词，生成图像后并保存，最终十二生肖效果如图4-90所示。

图 4-90

—————————————
①一款AIGC工具。

第**5**章
AIGC优化数字
音频编辑

随着AIGC技术的迅猛发展，音频创作正经历一场前所未有的变革。AIGC技术使创作者能够轻松生成语音、背景音效，甚至复杂的音乐片段，这不仅大幅节省创作时间，更拓展了创作的无限可能性。然而，用户的操作在这一过程中至关重要。创作者不仅需要掌握AIGC工具的使用技巧，更要积极参与创作，将个人的创意与技术相结合，实现更高质量的音频作品。本章对AIGC在音频编辑领域的知识进行介绍，并结合Audition软件来提升音频的整体品质。

5.1 音频基本概念

声音是自然界交流的媒介，也是人类表达情感与思想的重要工具。它以其独有的方式融入人们的日常生活，成为不可或缺的一部分。

5.1.1 声音和波形

声音并非凭空而来，是由物体振动引起的。当物体受到外力作用而发生周期性振动时，会影响周围的介质（如空气、水或固体等），从而形成连续的波动，即声波。声波传播至耳朵，会引起鼓膜的振动，进而转化为神经信号传递至大脑，人们就能感知声音的存在。

波形是描述声音振动模式的图像，显示声音在时间上的变化。波形图中横轴表示时间，纵轴表示振动的幅度（也称为振幅）。通过观察波形，可以了解声音的各种特性，如频率、振幅、周期、波长、相位等，如图5-1所示。

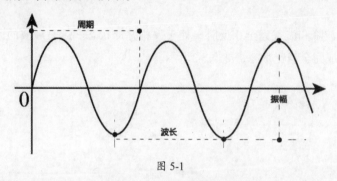

图 5-1

- **横轴：** 表示时间线，通常以s（秒）或ms（毫秒）为单位。
- **纵轴：** 表示振动的幅度，即声音的强度或响度。振幅越大，声音越响；振幅越小，声音越弱。
- **频率：** 波形在单位时间内重复的次数，通常以Hz（赫兹）为单位。频率决定声音的音高。高频率的声音（高音）听起来更尖锐；低频率的声音（低音）听起来更低沉。波形图上，频率高的波形的波峰和波谷更加密集。
- **振幅：** 振动物体离开横轴的最大距离。振幅的大小表明声波携带能量的大小。振幅越大，声音越响；振幅越小，声音越小。
- **周期：** 波形完成一个完整振动所需的时间。频率越高，周期越短；频率越低，周期越长。
- **波长：** 波形在一个周期内传播的距离，常以m（米）为单位。波长与频率成反比，频率越高，波长越短；频率越低，波长越长。
- **相位：** 用于表示周期中波形的位置，以度为单位（共360°），也称相角。零点（0°）为起始点；当相位为90°时处于高点；当相位为180°时第一次回归零点；当相位为270°时处于低点；当相位为360°时再次回到零点。

当两条或多条声波在空气中传播时，会发生叠加现象，这种现象被称为"叠音"。叠音的相位不同，产生的效果也不同。

1. 同相位叠加

当两个声波的波峰和波谷完全重合时，处于同相叠加状态。这种情况下，声波的振幅就会增加，声音会变得更大更响亮，如图5-2所示。

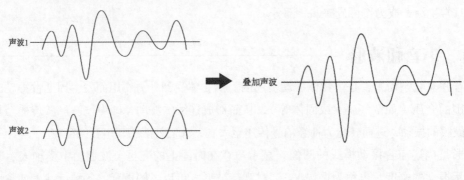

图 5-2

2. 反相位叠加

当两个声波的波峰和波谷完全相反时，处于反相叠加状态。这时声波的波峰和波谷相互抵消，导致声音变弱或完全静音状态，如图5-3所示。

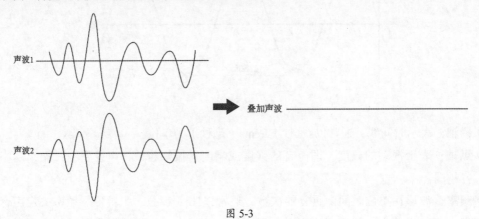

图 5-3

3. 混合相位叠加

当两个不同频率、不同振幅的声波进行叠加，会得到混合声波。这种声波会掺杂各种不同的声音（人声、音乐声、噪声等），如图5-4所示。

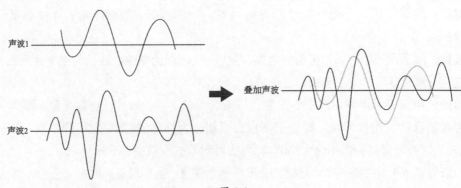

图 5-4

5.1.2 模拟音频和数字音频

音频分为模拟音频和数字音频两种。

模拟音频将连续不断变化的声波信号通过某种方式转换成可记录或传输的电信号。这种电信号是连续变化的，与原始声波在波形上保持相似，只不过是以电信号的形式存在。在早期的录音和广播技术中，模拟音频是比较流行的方式。例如磁带录音机就是通过磁头将模拟音频信号记录在磁带上。当播放磁带时，磁头将这些信号转换成声波，通过扬声器播放出来，如图5-5所示。

图 5-5

模拟音频的特征如下。

- **连续性**：模拟音频信号是连续的，能够表示声音的连续变化。
- **波形**：模拟音频的波形与原始声音波形相似，保留了声音的所有细节和动态范围。
- **噪声**：模拟信号容易受到干扰和噪声的影响，可能会导致音质下降。

随着数字技术的发展，模拟音频逐渐被数字音频所取代。数字音频将模拟音频信号转换成一系列的数字代码，这些代码代表声音信号在不同时间点的强度。虽然数字音频在处理、存储和传输上更加高效和方便，但模拟音频在某些方面（如音质、情感表达）仍然具有独特的魅力。

数字音频的特征如下。

- **离散性**：数字音频信号是离散的，用一系列的数字值表示。
- **采样率**：数字音频通过在一定时间间隔内采样声音波形来捕捉音频信息。常见的采样率有44 100Hz（CD音质）和48 000Hz（专业音频）。
- **比特深度**：比特深度决定了每个样本的精确度，比较常见的有16位、24位等。

模拟音频和数字音频各有优点和缺点。模拟音频以其自然的音质受到许多音乐爱好者的青睐，而数字音频以其便捷性和稳定性在现代音频应用中占据主导地位。表5-1是两种音频的特性区别。

表5-1

特性	模拟音频	数字音频
信号类型	连续信号（在时间线上是连续的）	离散信号（在时间线上是断续的，由多个数据序列组成）
记录方式	通过物理介质（如磁带、黑胶唱片）记录	通过采样和量化记录

（续表）

特性	模拟音频	数字音频
音质	自然、温暖、保留更多细节	稳定、清晰，压缩会丢失细节
噪声与干扰	易受干扰、会产生噪声	不易受干扰，音质稳定
存储与复制	容易劣化，不宜存储	易于存储、复制和分享
常见格式	黑胶、磁带、AM/FM广播	WAV、MP3、FLAC、AAC

5.1.3　音频的常见格式

音频格式有很多种，每种格式都有其特定的用途、优缺点和适用场景。下面对一些常见的音频格式进行介绍。

1. 有损音频格式

有损音频格式包括MP3、AAC、WMA、OGG等。它们是在压缩过程中丢失一些音频信息，以此缩小文件大小。该文件比较适合一般听音需求。

- **MP3格式**：主流的音频格式。有良好的音质与文件大小平衡，被广泛用于音乐下载和流媒体。
- **AAC格式**：一种更高级的音频格式。在相同比特率下，其音质通常优于MP3格式，被广泛用于流媒体和数字广播。
- **WMA格式**：微软公司开发的一种有损音频格式，其音质与MP3相当，适用于Windows操作系统。

2. 无损音频格式

无损音频格式包括WAV、FLAC、ALAC、AIFF等。它们在压缩过程中不会丢失任何音频信息，最大限度地保留原始音频数据，音质相对比较高，但文件会比较大。

- **WAV格式**：音质非常高，保留所有音频细节，更接近于原始音频。适用于专业音频制作、录音和编辑领域。
- **FLAC格式**：一种开源的无损压缩音频格式，在保持音质的同时减小文件大小，适用于高保真音频存储。
- **ALAC格式**：由苹果公司开发，与FLAC格式相似，在苹果公司的产品（如iTunes、iPhone、iPad等）上具有很好的兼容性。ALAC的压缩效率要比FLAC低一些。由于是无损压缩，它的比特率会根据音频内容的复杂性而变化，适用于不同的音频质量需求。
- **AIFF格式**：由苹果公司开发，类似于WAV格式。具有高音质特点，适用于专业音频的制作与应用。

3. 其他格式

除了以上两类音频格式外，还有其他的一些常见格式，如M4A格式、BWF格式、DSD格式等。

- **M4A格式：** 使用AAC编码的MPEG-4标准存储文件，常用于苹果公司的产品上。能够在较低比特率下提供高质量的音频，在音质上优于MP3格式。
- **BWF格式：** 一种扩展的WAV格式。能够包含丰富的元数据，包括艺术家、专辑、曲目名称、封面图片等信息，适用于广播和专业音频制作，便于音频文件管理。
- **DSD格式：** 一种高解析度音频格式。可以提供非常高的音质，尤其是在高频和动态范围方面，比标准CD音质还要好，适合音频发烧友使用。该格式文件很大，不方便存储和传输，在兼容性方面比较低。用户只能在特定的硬件和软件中才能播放该格式的文件。

5.1.4　音频的声道制式

声道制式是音频信号中声道的配置方式，决定音频在空间中的分布方式。声道制式的选择对音频的空间感、清晰度和沉浸感有重要影响。常见的声道制式有单声道、立体声道、环绕立体声等。

1. 单声道

单声道使用一个声道传输声音，所有音频信号都通过这一个声道播放。无论使用多少个扬声器或耳机，播放的音频信号都是相同的，缺乏空间感。但文件较小，适合语音录音和播客等内容。

2. 立体声道

立体声道使用两个独立的声道（左声道和右声道）传输声音信息。这种配置方式能够模拟声音的来源，提供空间感和方向感。

立体声道可增强听觉体验。在音乐和电影制作中，立体声道制式的音频能够更好地展现声音的层次和细节。但文件体积较大。录制或音频处理需更复杂的设备和技术，以确保两个声道的同步和质量。

3. 环绕立体声

环绕立体声是使用多个声道（通常是5个或更多）在空间中不同位置播放，从而创造出声音的环绕效果。这种技术不仅保留了声音的方向感，还增强了声音的纵深感、临场感和空间感，使听众仿佛置身于音乐或电影的场景之中。常见的环绕声道配置有5.1声道、7.1声道两种。

- **5.1声道：** 包括左前（LF）、右前（RF）、中置（C）、左后（LB）、右后（RB）和一个低音炮（LFE）。常用于家庭影院、电影、电视节目和游戏。
- **7.1声道：** 在5.1声道基础上增加左侧（LS）和右侧（RS）两个声道。常用于高级家庭影院系统、高端游戏和电影音轨。

动手练 将M4A格式转换为MP3格式

当发现所用的音频格式无法播放时，可使用"格式工厂"软件进行转换。

步骤01 打开"格式工厂"。启动"格式工厂"软件，打开转换界面，如图5-6所示。

步骤02 添加音频文件。将所需转换的音频文件直接拖至界面中，如图5-7所示。

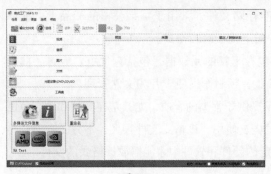
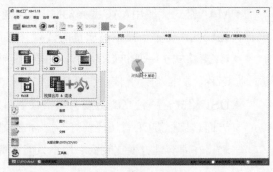

图 5-6   图 5-7

步骤 03 **设置转换格式及保存路径**。在打开的设置窗口中选择转换的格式、转换输出的路径，如图5-8所示。

步骤 04 **设置输出配置**。单击"配置"按钮，在"音频设置"窗口中可以设置输出音频的质量，默认为"高质量"。单击"确定"按钮，关闭该窗口，如图5-9所示。

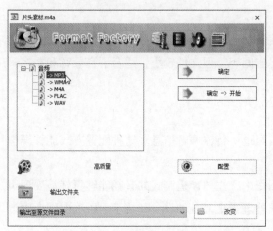
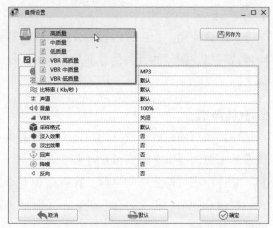

图 5-8   图 5-9

步骤 05 **完成转换**。设置完成后单击"确定→开始"按钮，开始转换。稍等片刻即可转换成功，如图5-10所示。

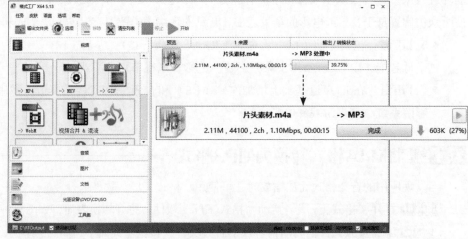

图 5-10

5.2 在音频创作中应用AIGC工具

在音频创作过程中，用户可借助AIGC技术进行辅助操作。该技术除了能够提升创作效率，还能为创作者提供更多的创作灵感。下面介绍几款比较好用的AI音频工具，以供用户参考使用。

5.2.1 语音合成

语音合成利用计算机技术将文本转换为自然语音。例如有声书、播客领域，就会使用AIGC技术将书籍和文章转换为音频，让人们在闲暇之时能够轻松"听书"，提高时间的利用效率。

语音生成工具很多，如魔音工坊、讯飞智作、剪映、TTSMAKER等。下面以魔音工坊为例，介绍文字生成配音的具体操作。

进入并登录魔音工坊官方网站，选择"软件配音"选项卡，进入配音界面。在页面中输入所需文字内容，如图5-11所示。

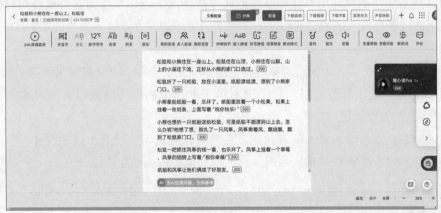

图 5-11

将光标放置在文字的起始位置，单击工具栏中的"24K高清音质"按钮，可对选中的内容进行试听操作，如图5-12所示。试听过程中，正在被阅读的内容以蓝色进行显示，同时多音字的拼音也会显示出来。

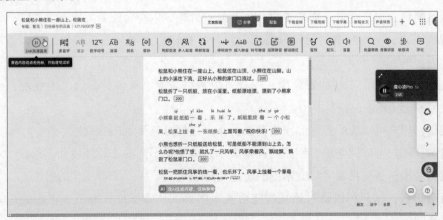

图 5-12

借助工具栏用户可对配音的读音、配音速度、静音、音效配乐等功能进行设置，如图5-13所示。在文中选择所需文字，单击相应的设置按钮即可。

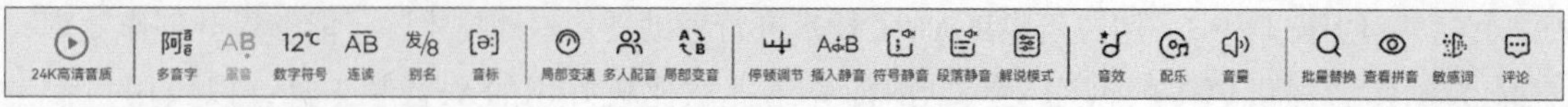

图 5-13

- **多音字**：软件内置多音字处理工具，可以通过单击该按钮，为选中的多音字选择正确的读音，解决中文多音字带来的配音困扰。
- **重音**：重读功能可以将选中内容的配音进行音强或音调的提升，以达到强调的目的，增强表达效果。
- **数字符号**：如果合成的配音中对数字的读法不符合语境，可以使用数字符号功能对该数字的读法进行修改，以满足不同的配音需求。
- **连读**：该功能可以解决配音时英文内容或专有名词被拆开读的问题。通过滑选需要连读的内容，单击上方的"连读"工具，生成的配音就会具有连贯性。
- **别名**：别名功能允许用户在不修改原文本的情况下，让某些词在合成音频时使用其他文字的读音合成，多用于通假字、多音字、敏感词、方言等。例如设置YYDS为"永远的神"。
- **音标**：修改英文读音，通过滑动选择并指定英文的音标，以便实时纠正英文读音。
- **局部变速**：通过滑选，用户可以指定句子单独设置语速调节，实现语速的"有缓有急"，为配音增加更多变化。
- **多人配音**：软件支持多人配音功能。用户可以根据需要设置不同的发音人，或者同一个发音人的不同情感/风格，为配音作品增加更多角色和互动性。
- **局部变音**：通过选择指定句子进行声音转换，可以实现声音的"移花接木"功能，为配音作品增添趣味性。
- **停顿调节**：用户可以通过鼠标在指定位置插入停顿调节，精细调节韵律，实现声音的"抑扬顿挫"。
- **插入静音**：在配音作品中插入静音段落，以满足特定的配音需求或制作效果。
- **符号静音**：通过特定符号实现静音效果，方便用户快速标注需要静音的部分。
- **段落静音**：用户可以选择整个段落进行静音处理，以符合配音要求。
- **解说模式**：一种特定的配音风格或设置，旨在模拟解说员的口吻和语调，适用于解说类内容的配音。
- **音效**：软件提供丰富的音效库。用户可以根据需要添加各种音效，增强配音作品的表现力和感染力。
- **配乐**：用户可以为配音作品添加背景音乐，以提升整体氛围和观感。
- **音量**：用户可以调整配音作品的音量大小，以满足不同的播放环境和需求。
- **批量替换**：支持批量替换文本中的特定内容或词汇，提高配音制作的效率。
- **查看拼音**：用户可以通过该功能查看文本内容的拼音标注，有助于正确处理多音字和发音问题。

- **敏感词**：软件内置敏感词过滤功能，可以自动替换或删除文本中的敏感词汇，避免配音作品中出现不当内容。
- **评论**：用户可以对配音作品进行评论和反馈，有助于改进和提升配音质量。不过，此处的"评论"功能可能并非直接作用于配音过程中的工具，而是指软件内置的用户交互功能之一。

另外，用户还可对声音进行更换。单击界面右侧声音选项的"展开"按钮，可打开声音选择窗口，如图5-14所示。

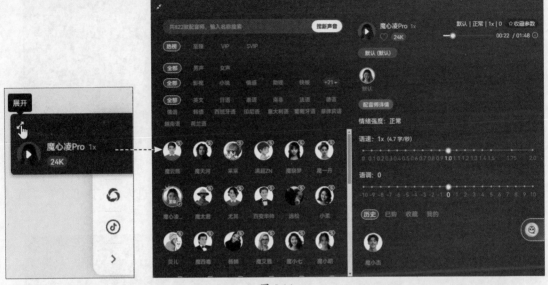

图 5-14

在"声音"窗口中用户可根据需要选择声音的音色、声音的类型以及声音的语种等。同时还可调节声音的语速和语调。

配音设置完成后，单击"配音"按钮可生成最终的音频，单击"下载音频"按钮可选择音频的格式，单击"确定"按钮可下载该音频，如图5-15所示。

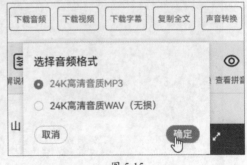

图 5-15

5.2.2　音乐生成

利用AIGC技术可帮助音乐创作者快速生成旋律、和声和节奏。让音乐人能够快速获得灵感，完成整首曲子的编写。目前，国内的AI音乐生成工具有很多，例如豆包、天工AI、海绵音乐等。下面以海绵音乐为例，介绍音频生成功能的基本操作。

海绵音乐是由字节跳动公司推出的一款功能强大、易用性高的AI音乐创作和生成工具，为用户提供多样化、个性化的音乐创作体验。支持多种音乐风格，包括R&B、嘻哈、电子、国风等。在中文歌曲创作上，减少了电音的使用，提高了吐字清晰度和演唱流程性，使得生成的歌曲更加自然动听。图5-16所示是海绵音乐主界面。目前海绵音乐是完全免费的。

图 5-16

进入并登录海绵音乐官方网站。在主界面中单击"创作"按钮，进入"定制音乐"界面。有"灵感创作"和"自定义创作"两种方式供用户选择，如图5-17所示。

图 5-17

- **灵感创作**：根据用户输入的一句话或音乐主题自动生成音乐。可理解为根据主题进行创作。
- **自定义创作**：根据用户提供的歌词，或是一键生成的歌词，以及设定的曲风、心情和音色进行定制化的创作。

以"自定义创作"方式为例，在"输入灵感"文本框中输入创作提示词，如图5-18所示。单击"生成音乐"按钮。稍等片刻，系统自动生成三段音频供用户选择，如图5-19所示。

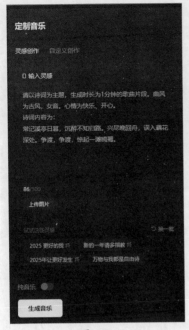

图 5-18

图 5-19

　　选中音频播放按钮，可进行试听。在"音乐详情"窗口中单击"编辑"按钮，可对当前的歌词进行修改，如图5-20所示。

　　单击音频右侧的"分享"按钮，可使用手机微信扫描二维码进行试听，如图5-21所示。同时也可将该音频进行分享。

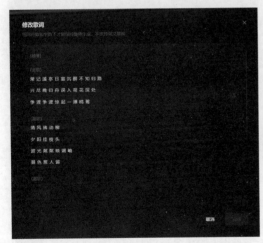

图 5-20

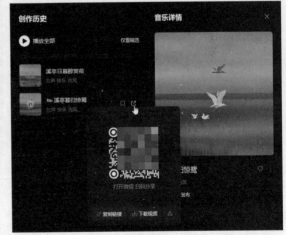

图 5-21

动手练　生成年会开场音乐

　　下面利用海绵音乐制作年会开场音乐。

　　步骤01 设置纯音乐模式。登录海绵音乐网站，单击"创作"按钮进入"定制音乐"界面。在"灵感创作"选项卡中单击"纯音乐"按钮，如图5-22所示。

　　步骤02 输入提示词。在文本框中输入开场音乐相关的提示词，如图5-23所示。

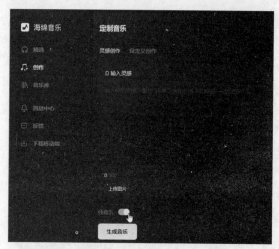 

图 5-22   图 5-23

步骤 **03 生成并试听音乐**。单击"生成音乐"按钮，即可生成三段音乐。单击即可进行播放试听，如图5-24所示。

步骤 **04 下载音乐**。选择所需音乐，单击"分享"按钮 ，并单击"下载视频"按钮，可将该音乐下载至本地磁盘中，如图5-25所示。

 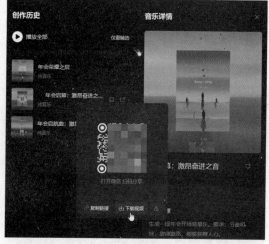

图 5-24   图 5-25

5.2.3 MV歌曲生成

MV歌曲（音乐视频）是一种将音乐与视觉影像结合的艺术形式，通过视频画面来呈现歌曲的情感、故事或主题，从而增强听众的感官体验。

1. MV 的常见种类

MV的类型有很多种，如表演型、叙事型、概念型、混合型、动画型等。

（1）表演型。

以歌手或乐队的演唱、舞蹈或乐器演奏为主要内容。通常在舞台、录音棚、户外或特殊设计的场景中拍摄而成。

（2）叙事型。

通过一个完整的故事情节表达歌曲的主题。角色和剧情发展通常与歌词内容相关，像一部微电影。

（3）概念型。

以抽象的视觉元素、意向和艺术手法展现音乐氛围。可使用超现实、象征主义或实验性风格，与歌曲内容不一定有直接关系，如图5-26、图5-27所示。

扫码看视频

图 5-26   图 5-27

（4）混合型。

结合叙事、表演和概念元素，形成更丰富的MV表达形式。很多现代MV都采用这种模式，让画面更具层次感和吸引力。

（5）动画型。

采用动画制作，如手绘、3D建模、定格动画等。适合奇幻、科幻或风格化的表达方式。

2. 使用 AIGC 生成 MV 歌曲

用AIGC工具来制作MV歌曲可分为三个阶段，分别为音乐创作阶段、视频制作阶段、后期整合与优化阶段。

（1）音乐创作阶段。

- **歌词生成：** 通过输入关键字词、情感调性或主题，生成歌曲的歌词并优化。
- **旋律与编曲：** 选择合适的音乐AI工具（如天工AI、网易天音等）生成伴奏，用户可根据需求调整和弦、节奏参数。
- **人声合成：** 选择歌手音色（如虚拟歌手初音未来），调整音高与情感表达。

（2）视频制作阶段。

- **视频素材生成：** 使用图片或动画AI工具，生成场景或角色动画。
- **视频剪辑与处理：** 如果视频为动画型或叙事型，则需对其进行剪辑。如果视频为概念化（如静态图片），就需对图片进行优化处理。

（3）后期整合与优化阶段。

利用视频编辑工具（如Adobe Premiere或剪映）将音频和视频素材进行合并和优化（如统一画面色调、添加特效和过渡等），并生成同步歌词字幕。

图5-28所示是一位音乐爱好者创作的《简单就好》MV歌曲。歌曲的歌词部分由作者自己创作，演唱者为AI。此歌曲表达了作者对淡泊从容处事态度的深切向往。

扫码看视频

图 5-28

该歌曲利用AIGC工具进行辅助制作，大致流程如下。

首先，利用音乐生成工具（网易天音等）根据歌词生成完整歌曲，并对其进行调整，以保证歌曲流畅程度。

其次，利用图片生成工具（即梦AI，豆包等）生成歌曲意向图片。

最后。利用视频剪辑工具（如剪映）将歌曲及图片进行合成。同时利用字幕功能生成歌词字幕，完成整个MV歌曲的创作。

5.3 结合Audition完成后期处理

音频处理在音频制作过程中是一个重要的环节，也是提升音频质量的有力武器。在众多音频编辑软件中，Audition软件比较受欢迎。下面对该软件的一些基本操作进行介绍。

5.3.1 了解Audition软件

Audition是Adobe公司推出的一款专业的音频编辑软件，集成了人工智能技术，可帮助用户快速对音频进行降噪、修复和音效处理，以及音频的智能提取等操作，能大大提升用户创作效率。图5-29所示是Audition软件界面。

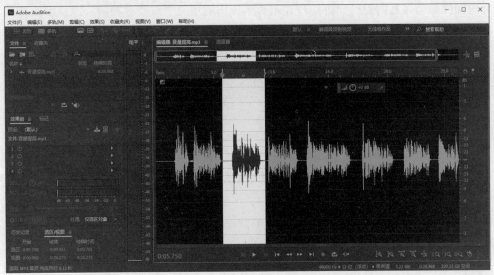

图 5-29

下面对Audition软件的核心功能进行介绍。

1. 多轨编辑

多轨编辑是指同时对多个音频进行处理。用户可以将背景音乐、人物配音、音效等多种音频元素组织在不同的轨道上，通过拖放的方式排列和调整。还可以对每条轨道单独添加效果、设置静音或独奏。

（1）功能特点。

- **实时音频混合**：在混音过程中可以实时调整和预览效果，确保最终音轨的平衡感和层次感。
- **自动化控制**：通过轨道自动化功能，用户可以精确调整音量渐变、声像移动以及其他参数变化，适合动态场景。
- **多格式兼容性**：支持导入多种格式的音频文件，并支持直接在时间线上对视频文件的音频进行编辑。

（2）功能应用场景。

- 制作播客时整合访谈录音与背景音乐。
- 为影视剧、广告或短视频项目完成复杂的音轨混音。
- 在音乐创作中合成多种乐器音轨。

2. 单轨编辑

单轨编辑模式主要针对单个音频进行编辑操作。用户可以对音频进行精细化处理，适用于修正和优化音频的每一个细节。

（1）功能特点。

- **精准剪辑工具**：用户可深入查看音频的波形图，以样本级精度进行剪切、删除、复制、淡入淡出或调整音高与速度。

- **调音功能：** 可以调整音高、均衡音量，并对失衡的音频进行修正。
- **时间伸缩与音高调整：** 允许用户在不影响音质的情况下改变音频的播放速度或音高。

（2）功能应用场景。

- 精细修剪语音内容，例如去除重复或错误部分。
- 为广播或播客调整音频的节奏与语调。
- 优化音乐素材，使其适应视频或舞台表演的需要。

3. 音频修复与降噪

借助频谱显示和降噪工具，可以识别并清理音频中的噪声源，例如背景噪声、口水音、嘶嘶声等。使用修复工具可快速移除录音中的爆音或脉冲噪声。

（1）功能特点。

- **频谱显示与选择：** 将音频转换为频率图像，用户可通过绘画工具精准选择需要修复的区域。
- **降噪：** 从音频中提取噪声样本，然后应用到整个音轨，实现高效降噪。
- **自动修复算法：** AI驱动的修复工具可以自动检测并修正常见的音频问题，如失真和失衡。

（2）功能应用场景。

- 处理录音环境较差的采访或会议音频。
- 修复旧电影或音乐资料中的音频瑕疵。
- 提高视频音轨的清晰度和专业感。

4. 实时音效应用

软件内置多种高品质的效果器，包括均衡器、压缩器、混响、延迟等，用户可以直接加载这些效果器，来调整并优化音频质量。

（1）功能特点。

- **实时预览：** 在编辑时即时听到效果变化，避免反复试错。
- **音效链：** 可在单轨或多轨上应用多个效果，以实现更复杂的声音设计。
- **参数调整：** 自定义每个音效的细节参数，确保满足特定需求。

（2）功能应用场景。

- 为配音添加混响效果，营造空间感。
- 使用均衡器优化声音频率分布，使人声更加突出。
- 调整音乐节奏和氛围以匹配视频画面情感。

5.3.2 消除音频中的噪声

在录制音频时，一般会录入不同程度的噪声。此时可以使用Audition软件进行降噪操作。

1. 利用噪声修复工具

Audition内置多种选择工具和噪声修复工具，如框选工具、套索选择工具、画笔选择工具和污点修复工具，如图5-30所示。用户利用这些工具可在频谱图中框选噪声区域，并将其删除或修复。

图 5-30

- **框选工具** ▦：用矩形方式框选噪声区域，按Delete键删除，如图5-31所示。
- **套索选择工具** ◯：用自由形状的方式框选噪声区域，按Delete键删除，如图5-32所示。

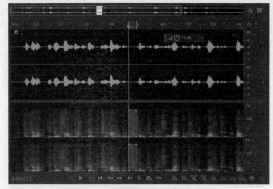

图 5-31

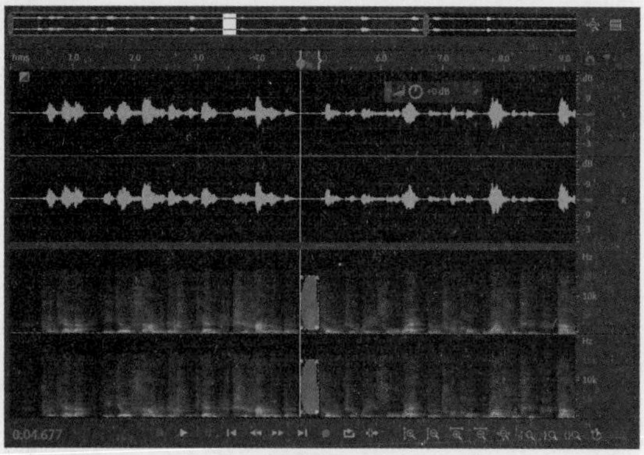

图 5-32

- **画笔选择工具** ✎：用类似绘画的方式精确选择噪声区域。这种方式比传统的框选或套索工具更为灵活，如图5-33所示。
- **污点修复画笔工具** ✎：按住鼠标并拖动选择噪声区域，放开鼠标后即可删除噪声，如图5-34所示。

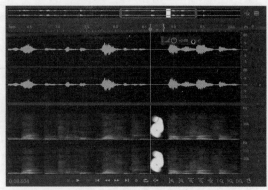

图 5-33

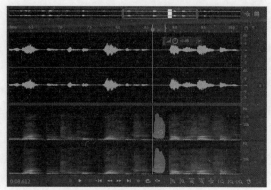

图 5-34

2. 自动降噪分析

捕捉噪声样本和了解声音模型是Audition自动降噪过程的两个重要步骤。它们相互配合，共同提高降噪效果和保护音质。

- **捕捉噪声样本**：当音频中存在背景噪声（如环境噪声、电流声、呼吸声等）时，"捕捉噪声样本"允许用户选择一小段具有代表性的噪声片段。系统会分析这段样本，识别噪声的频率、波形和其他特征。一旦噪声样本被捕捉并分析，用户就可以应用内置的降噪算法来减少或消除音频文件中的噪声。

选中音频中的噪声区域后，在菜单栏中选择"效果"|"降噪/恢复"|"捕捉噪声样本"选项即可捕捉并分析该噪声，如图5-35所示。

- **了解声音模型**：通过分析音频中被选中的噪声，生成代表这些声音特性的声音模型。该模型随后被用于指导降噪或声音移除的过程，以确保处理结果既有效又尽可能减少对目标音频的干扰。

同样，选中音频中的噪声区域后，在菜单栏中选择"效果"|"降噪/恢复"|"了解声音模型"选项即可，如图5-36所示。

图 5-35　　　　　　　　　　　　　　　　　图 5-36

3. 利用各类降噪效果器

Audition软件内置多种降噪效果，如降噪（处理）、声音移除、频谱修复工具、噪声抑制器等。这些效果器可以有效去除音频中的各种噪声。

- **降噪（处理）**：可以自动检测音频中的噪声部分，包括磁带嘶嘶声、麦克风背景噪声、电线嗡嗡声等。通过捕捉并分析噪声样本，自动去除音频噪声。该效果器会尽量保持原声部分不受影响，确保音频的自然度和真实感。

- **声音移除**：当出现如电话铃声、无线电干扰或其他背景噪声时，声音移除效果器能够分析这些噪声，并生成与之相对应的声音模型。该模型被用来从整个音频中移除这些不想要的噪声，使得主要音频内容更加突出。

- **咔哒声/爆音消除器**：去除音频中的麦克风爆音、轻微嘶声和噼啪声等不希望出现的噪声。

- **降低嘶声（处理）**：用于减少或消除音频中的嘶嘶声，如磁带老化、麦克风问题或录音环境不佳等，从而使音频更加清晰和纯净。该效果器会尽量保持音频的原有音质，避免对音频造成不必要的损伤或失真。

- **自适应降噪**：能够根据音频中噪声的变化情况，动态地调整降噪参数，从而更有效地去除背景噪声。这种动态处理能力在处理如采访、户外录音等复杂环境中的音频时尤为有效。

- **自动咔哒声移除**：自动检测和移除音频中的咔哒声、爆音等不想要的声音。如录音设备的问题、录音环境的噪声、录音过程中的误操作等。

- **自动相位校正**：用于解决音频在录制或传输过程中可能出现的相位不一致问题。相位不一致可能导致音频在混合或播放时出现相位抵消、声音模糊或失真等问题。
- **消除嗡嗡声**：用于减少或消除音频中的嗡嗡声。这种噪声在音频录制中很常见，特别是在使用电子设备录音时，可能对音频质量造成严重影响。一旦检测到嗡嗡声，该效果器会尝试通过滤波、相位抵消或其他技术手段来减少或消除这些噪声。
- **减少混响**：用于减少或消除音频中的混响效果。当录音环境存在大量的声音反射时，录音中会包含大量的混响成分，使音频听起来更加"空旷"。过度的混响会干扰音频的清晰度。通过消除混响，音频的音质可以得到显著提升，使听众更容易分辨音频中的细节和层次。

5.3.3 调整音频均衡与混响

音频均衡用于调整音频信号中各频段的增益，达到改善音质的需求。为音频添加混响效果，可使音频听起来更加饱满、丰富并具有空间感。下面对这两种音频效果进行简单介绍。

1. 调整音频均衡

Audition内置图形均衡器和参数均衡器两种均衡器。图形均衡器主要通过预设的频段来快速调整音频的增益值。常见的频段数有10段、20段和30段。不同的频段划分方式可选择适合的均衡器类型。一般来说，频段越少，调整的方式就越方便；频段数量越多，调整精度越高，同时也可能增加调整的复杂性。

在菜单栏中选择"效果"|"滤波与均衡"选项，根据需要在其级联菜单中选择一种图形均衡器，即可打开包含相应频段数的设置面板。图5-37所示是10段的设置面板。

参数均衡器可对音频信号的特定频率进行精确控制和调整，以满足不同的音频处理需求。在菜单栏中选择"效果"|"滤波与均衡"|"参数均衡器"选项，打开"效果-参数均衡器"面板，如图5-38所示。通过设置中心频率、增益及带宽等参数，可以对音频信号进行增强、削减、带通与限制等控制。

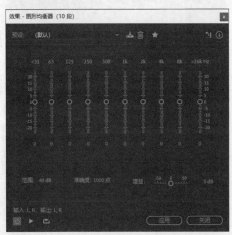

图 5-37

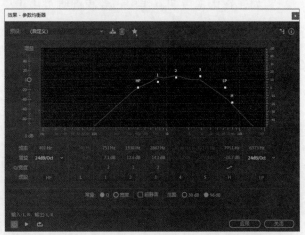

图 5-38

2. 添加混响音效

混响效果器可以通过模拟声音在封闭空间中的反射和衰减过程，为音频增添空间感、深度以及特定的声学环境效果。Audition软件内置五种混响效果器，包括卷积混响、完全混响、混响、室内混响和环绕声混响。在菜单栏中选择"效果"|"混响"选项，在其级联菜单栏中选择所需的混响效果，即可打开相应的设置面板。图5-39所示是"效果-混响"设置面板。

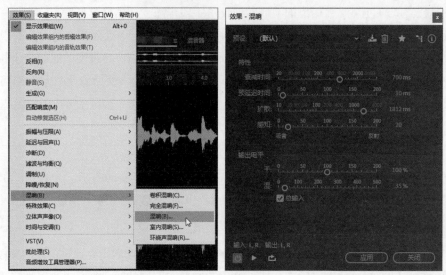

图 5-39

混响效果有多种预设供用户选择，如"房间临场感""打击乐教室""扩音器""沉闷的卡拉OK酒吧"等，选择相应的预设效果即可快速应用。用户也可以手动调整混响的各项参数，如"衰减时间""预延迟时间""干湿比"等，以实现更加个性化的混响效果。

下面对其他四种混响效果器进行说明。

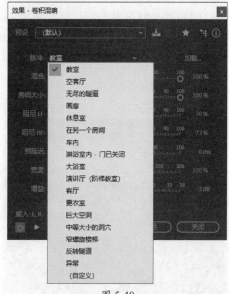

- **卷积混响**：是一种高级音频处理工具，通过模拟特定声学空间中的声音反射和混响特性，为音频信号添加高度真实的空间感。例如，在影视后期制作中，卷积混响可用于模拟不同场景的声音环境，如室内对话、室外场景、特殊效果等。通过选择合适的脉冲响应（IR）文件，可以营造逼真的声音氛围，如图5-40所示。

- **完全混响**：能够通过模拟声音在密闭空间内的多次反射来增强音频的空间感，改善音质和音色，创造特殊音效。使用系统提供的预设，可以模拟各种声场效果，如音乐厅、体育馆、剧院、教堂等，如图5-41所示。

图 5-40

- **室内混响**：用于模拟声音在室内环境（如房间、大厅等）中反射和衰减的音频处理工具。不同的室内混响设置可以营造不同的氛围和情感表达，如图5-42所示。

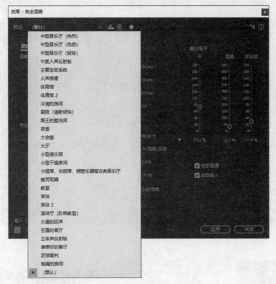

图 5-41

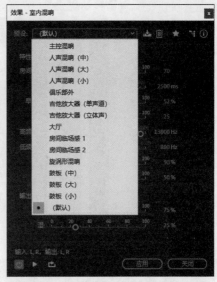

图 5-42

- **环绕声混响**：用于模拟声音在具有多个声源和扬声器的房间或空间中的传播效果，让声音听起来仿佛来自于不同的方向和距离，使音频在听觉上更加立体和饱满，避免单调和平面的听觉感受，如图5-43所示。环绕声混响的应用十分广泛，常被用于音乐制作、影视后期、直播与录音等场景。

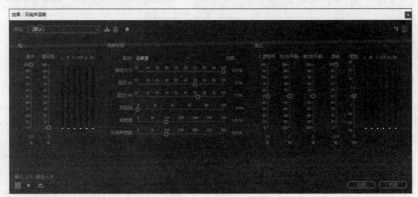

图 5-43

动手练 去除录音中的杂音

录制人声时，通常会带有一些环境杂音。如果杂音很重，会影响录制的效果。此时可以使用Audition软件来消除这些杂音。

步骤01 打开文件。启动Audition软件，单击"文件"|"打开"按钮，打开"录音"文件，如图5-44所示。

步骤02 选中杂音区域。向上滚动鼠标中键可放大音频的波形。将播放指针定位至音频起始处，按空格键播放音频，寻找杂音，并将其选中，如图5-45所示。

步骤03 选择"降噪"选项。在菜单栏中选择"效果"|"降噪/恢复"|"降噪（处理）"选项，如图5-46所示。

图 5-44

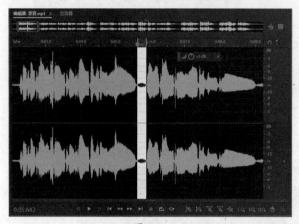

图 5-45

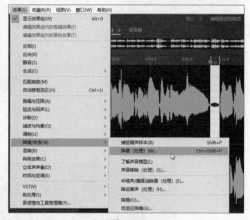

图 5-46

步骤 04 **设置降噪参数**。在"效果-降噪"面板中单击"捕捉噪声样本"按钮，然后单击"选择完整文件"按钮，全选整个音频。单击"播放"按钮▶进行试听。在试听的同时调整"降噪"及"降噪幅度"参数，如图5-47所示。

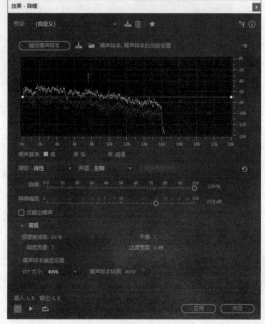

图 5-47

扫码看彩图

步骤 05 **应用降噪效果。**调整完成后，单击"应用"按钮将降噪效果应用至音频中。按空格键可播放音频查看降噪后的效果，如图5-48所示。

步骤 06 **打开频谱图。**如果有个别杂音没有完全消除干净，可以手动进行降噪。在工具栏中单击"显示频谱频率显示器"按钮 ，打开频谱图，如图5-49所示。

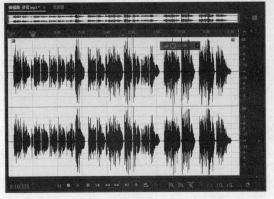

图 5-48　　　　　　　　　　　　　　　　　　　图 5-49

步骤 07 **手动修复杂音。**单击"污点修复画笔工具"按钮 ，在频谱图中涂抹杂音区域，如图5-50所示。

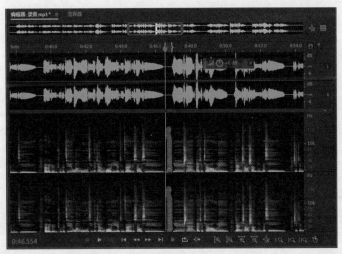

图 5-50

动手练 制作在室内播放英语听力的效果

下面制作在教室内播放听力题的音频效果。

步骤 01 **添加混响效果。**打开"听力题"音频文件，在菜单栏中选择"效果"|"混响"|"卷积混响"选项，打开"效果-卷积混响"面板，将"脉冲"设为"教室"，如图5-51所示。

步骤 02 **应用混响效果。**单击"播放"按钮 ，试听设置效果。单击"应用"按钮，应用该混响效果。

步骤 03 **添加参数均衡器效果。**选择"效果"|"滤波与均衡"|"参数均衡器"选项，打开"效果-参数均衡器"面板，如图5-52所示。

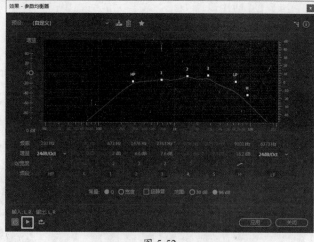

图 5-51 图 5-52

步骤 04 设置相关参数。单击"播放"按钮 ▶ ，在试听的过程中调整相关频率和增益值，如图5-53所示。

步骤 05 应用并导出文件。调整后单击"应用"按钮，将该效果应用至音频中。在菜单栏中选择"文件"|"导出"|"文件"选项，打开"导出文件"对话框，设置文件名及保存参数，单击"确定"按钮将文件导出，如图5-54所示。

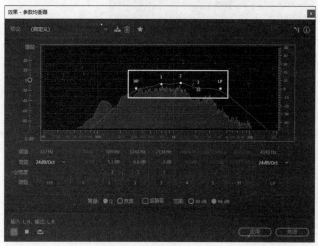

图 5-53 图 5-54

⚛ 拓展应用：创作情感类播客音频

下面利用剪映、海绵音乐以及Audition软件来制作关于情感类播客音频片段。

步骤 01 生成广播稿。使用"文心一言"生成一份广播稿。输入如下提示词。

以分享情感小故事为主题，生成一篇广播稿。字数在400字以内。

生成内容如下。

【电台开场音乐渐入，主持人声音温柔响起】

主持人：晚上好，这里是《心灵驿站》，我是你们的老朋友小悦。今晚，我想和大家分享一个简单却温暖的情感故事。

【背景音乐轻柔】

主持人：这是一个关于一对恋人的故事。他们在大学相识，因为共同的爱好走到一起。毕业后，面对生活的压力和距离的挑战，他们选择了暂时分开，各自奋斗。

【音乐中带有一丝不舍】

主持人：然而，每晚的晚安短信，每周的视频通话，成为他们坚持下去的力量。三年后的一个冬日，男孩带着一枚戒指，跨越城市，出现在女孩面前，告诉她："无论多远，心始终在一起。"

【音乐转为温馨】

主持人：女孩泪眼婆娑，点头答应，两人在雪花纷飞的街头紧紧相拥。他们证明了，真爱可以跨越时间和距离，只要心中有爱，就能克服一切困难。

【电台结束音乐渐起】

主持人：这就是今晚的故事，希望它能给你带来一丝温暖和力量。在《心灵驿站》，我们始终相信，爱，是世间最美好的语言。感谢收听，我们下期节目，继续与你心灵相约。

【音乐淡出，电台结束】

步骤02 **添加文本框。** 打开剪映电脑版软件，进入创作界面。在工具栏中选择"文本"选项，单击"默认文本"按钮，添加文本框，如图5-55所示。

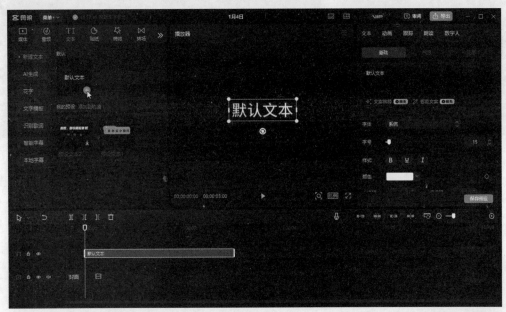

图 5-55

步骤03 **粘贴广播稿。** 在右侧"文本"选项卡的输入框中将生成的广播稿粘贴至此，如图5-56所示。

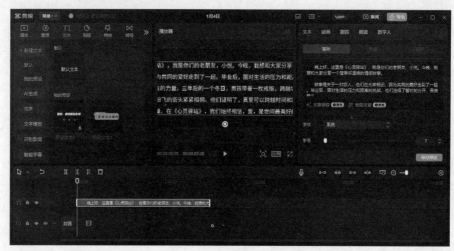

图 5-56

步骤 **04** **试听朗读音色**。单击"朗读"选项卡，选择一个合适的音色进行试听，如图5-57所示。

步骤 **05** **转换音频**。单击"开始朗读"按钮，稍等片刻，该文本已转换成语音，如图5-58所示。

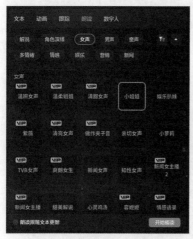

图 5-57

图 5-58

步骤 **06** **导出音频**。单击"导出"按钮，打开"导出"面板，设置标题及导出路径，取消勾选"视频导出"选项，勾选"音频导出"选项，单击"导出"按钮，将该段语音导出，如图5-59所示。

步骤 **07** **输入灵感词**。打开海绵音乐网站，选择"创作"选项，进入定制音乐界面。启动"纯音乐"按钮，并在"灵感创作"模式中输入灵感提示词。提示词如下。

以钢琴曲为主，生成一段轻柔、舒缓、安静的背景音乐。

步骤 **08** **生成音频并下载**。单击"生成音乐"按钮，稍等片刻即可生成三段音频，单击"播放"按钮可试听音频。选择合适的音频，单击"分享"按钮，并单击"下载视频"按钮，将其下载，如图5-60所示。

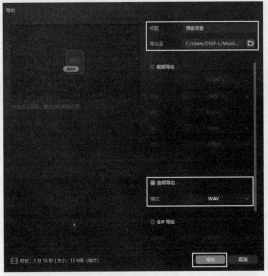

图 5-59

图 5-60

步骤09 **提取音频**。由于生成的是视频文件，可将该文件中的音频提取出来，单独保存为音频。可以使用"格式工厂"软件快速提取。打开"格式工厂"软件，将生成的视频拖至转换界面，选择转换的类型，单击"确定→开始"按钮，即可进行提取转换，如图5-61所示。

步骤10 **设置多轨模式**。打开Audition软件，在菜单栏中选择"文件"|"新建"|"多轨会话"选项，打开"新建多轨会话"面板，设置会话名称、文件位置，单击"确定"按钮，进入多轨编辑界面，如图5-62所示。

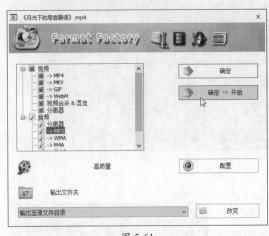

图 5-61

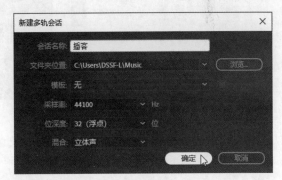

图 5-62

步骤11 **指定位置**。将背景音乐和播客语音文件分别放置两个不同的音轨中。选择背景音乐文件，将其移至0:10.849位置处，如图5-63所示。

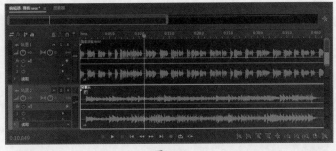

图 5-63

步骤12 **添加渐入效果。**选择背景音乐轨道中的"渐入"控件▨，将其向右拖至合适位置，为音乐添加渐入效果，如图5-64所示。

步骤13 **降低音量。**在背景音乐轨道左侧控制面板中降低该音乐的音量，如图5-65所示。

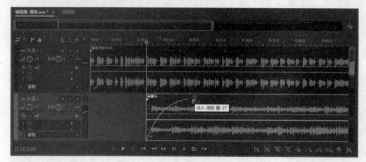

图 5-64　　　　　　　　　　　　　　　　　　　图 5-65

步骤14 **添加参数均衡器效果。**选择播客语音文件，为其添加一个"参数均衡器"效果器，其参数暂时保持为默认，关闭效果器面板。按空格键播放该语音，同时在轨道左侧的控制面板中单击"参数均衡器"右侧的三角按钮▶，选择"编辑效果"选项，如图5-66所示。

步骤15 **调整参数。**再次打开"组合效果-参数均衡器"面板，根据播放的声音来调整参数，如图5-67所示。

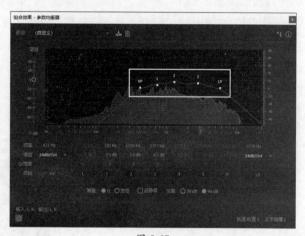

图 5-66　　　　　　　　　　　　　　　　　　　图 5-67

步骤16 **导出音频。**设置后关闭面板。在菜单栏中选择"文件"|"导出"|"多轨混音"|"整个会话"选项，在打开的"导出多轨混音"面板中设置文件名、导出位置及格式，单击"确定"按钮，完成播客音频的合成操作，如图5-68所示。

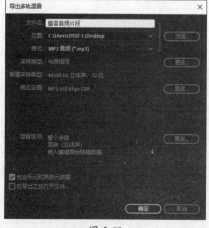

图 5-68

第**6**章

AIGC引领短视频创作

在短视频创作的过程中，AIGC技术正逐步渗透到剧本创作、智能剪辑、视觉效果生成以及配音配乐等环节。灵活运用AIGC工具，将个人的创意与人工智能技术相结合，可以创作更加丰富多样且富有吸引力的视频内容。本章对AIGC在短视频创作中的具体应用进行介绍。

6.1 "即梦AI"的短视频生成功能

"即梦AI"是一款AIGC创作软件，支持通过输入自然语言及图片生成高质量的图像及视频。用户只需输入简单提示词即可生成精彩的图片或视频，还可以对现有图片进行创意改造，自定义保留人物或主体的形象特征，实现背景替换、风格联想等操作。

6.1.1 文本生成视频

"文本生视频"能够根据用户提供的文字指令和各种参数，生成高质量的视频。用户只需输入一段描述文字，再选择模型和视频比例，等待数秒后即可生成视频。

步骤01 执行"视频生成"操作。登录"即梦AI"官网，在首页单击左侧导航栏中的"视频生成"按钮，或在页面顶部"AI视频"区域单击"视频生成"按钮，如图6-1所示。

步骤02 输入提示词并设置参数。进入"视频生成"页面。在页面左侧的"视频生成"选项卡中选择"文本生视频"选项。在文本框中输入提示词，并选择视频模型，以及视频比例，单击"生成视频"按钮，如图6-2所示。

图 6-1

图 6-2

步骤03 生成视频。稍作等待即可生成视频，将光标移动到视频区域，可以浏览视频，如图6-3所示。

图 6-3

步骤04 **预览视频**。单击视频右下角的 ⊞ 按钮可以全屏播放视频。文字生成视频效果如图6-4所示。

图 6-4

6.1.2 图片生成视频

"即梦AI"允许用户上传图片，生成高质量的动态视频。生成的视频效果连贯、自然。下面介绍具体操作方法。

步骤01 **执行"上传图片"操作**。在"即梦AI"的"视频生成"选项卡中单击"图片生视频"按钮，切换至图片生视频模式，单击"上传图片"按钮，如图6-5所示。

步骤02 **设置参数并执行"生成视频"命令**。从打开的对话框中导入需要使用的图片。图片导入成功后，选择"视频模型"，单击"生成视频"按钮，如图6-6所示。

图 6-5

图 6-6

步骤03 **生成视频**。稍作等待后系统即可根据上传的图片生成视频，如图6-7所示。

图 6-7

步骤 04 **预览视频**。单击 ⊞ 按钮，全屏预览视频，视频的播放效果如图6-8所示。

图 6-8

6.1.3 视频的优化输出

若对生成的视频效果不满意，还可以对视频进行重新编辑，或再次生成一个视频。

步骤 01 **执行"编辑视频"操作**。将光标移动到生成的视频上方，视频下方会显示一些功能按钮，单击左下角的 ⊟ 按钮可以重新生成一个视频。如果想让视频中的汽车按照指定的轨迹运动，单击 ⊘ 按钮，如图6-9所示。

步骤 02 **输入提示词**。页面左侧的窗格自动切换至"图片生视频"模式，在文本框中输入文字"汽车从空中平稳落到地面上"，单击"生成视频"按钮，如图6-10所示。

图 6-9 图 6-10

步骤 03 **生成视频**。系统再次生成视频，视频效果如图6-11所示。

图 6-11

6.1.4 视频自动配乐

"AI配乐"功能可以为生成的视频匹配合适的背景音乐，从而节省用户寻找和编辑音乐的时间，使视频作品更具专业感，提升整体观赏性。

步骤 01 **执行"AI配乐"操作**。使用"即梦AI"生成视频后，单击视频右下角的"AI配乐"按钮，如图6-12所示。

步骤 02 **根据画面配乐**。界面左侧随即打开"AI配乐"面板。该面板中包含"根据画面配乐"以及"自定义AI配乐"两个单选项，此处使用默认的"根据画面配乐"，单击"生成AI配乐"按钮，如图6-13所示。

图 6-12

图 6-13

步骤 03 **生成配乐**。系统随即根据当前视频画面自动生成三首配乐。在视频下方会显示"配乐1""配乐2""配乐3"三个按钮，通过单击按钮可以对音乐进行试听，如图6-14所示。

图 6-14

6.1.5　人物根据台词对口型

用户只需上传人物图片或视频，输入或上传配音内容，即可自动生成对口型视频。"对口型"功能可以精准捕捉人物的嘴部动作，生成的视频中人物的口型与配音高度同步，观感自然，仿佛虚拟人物在真实地说话一般。

步骤01 切换到"对口型"模式。登录"即梦AI"，进入视频生成页面。单击"对口型"按钮，如图6-15所示。

步骤02 执行导入图片操作。单击"导入角色图片/视频"按钮，在展开的列表中选择"从本地上传"选项，如图6-16所示。在打开的对话框中选择要使用的图片，将其导入"角色"区域。

步骤03 输入朗读内容并选择音色。在"文本朗读"文本框中输入内容，随后单击"朗读音色"按钮。系统提供多种音色，用户可以根据人物特点选择合适的音色，如图6-17所示。

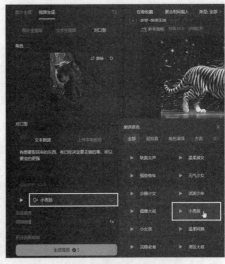

图 6-15　　　　　　　图 6-16　　　　　　　　　　图 6-17

步骤04 设置其他参数并生成视频。可以根据需要调整说话速度，并选择生成效果。可根据角色图片和输入的文本内容，以及所设置的参数生成视频，如图6-18所示。

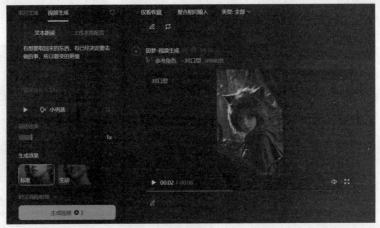

图 6-18

步骤 05 预览视频。查看由图片生成的对口型视频效果，如图6-19所示。

图 6-19

动手练 一站式图片生视频

下面使用"即梦AI"根据描述词生成图片，然后再使用生成的图片生成视频。

步骤 01 开始创作。登录"即梦AI"官网，在首页的"AI作图"区域单击"图片生成"按钮，如图6-20所示。

步骤 02 执行文字生成图片操作。打开"图片生成"页面，在文本框中输入提示词"一只超可爱的小幽灵，一只手拎着一个发光的南瓜，走在土路上，背景是夜间的村庄，美丽的星空。"设置"精细度"为"10"，选择视频比例为"2：3"，单击"立即生成"按钮，如图6-21所示。

图 6-20

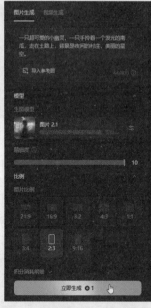

图 6-21

步骤 03 生成图片。系统随即生成四张图片，如图6-22所示。单击图片，可以查看图片的放大效果。

图 6-22

步骤 04 执行图片生视频操作。选择一张满意的图片，在放大图的右侧窗格中单击"生成视频"按钮，如图6-23所示。

步骤 05 执行"生成视频"命令。切换到"视频生成"页面，单击"生成视频"按钮，如图6-24所示。

图 6-23

图 6-24

步骤 06 预览视频。所选图片自动被生成视频，预览视频效果，如图6-25所示。

图 6-25

6.2 "可灵AI"的短视频创作功能

"可灵AI"具备强大的视觉生成能力，集成视频生成、图像生成、虚拟试穿等多种功能于一体，可广泛应用于艺术创作、教育学习、动画游戏开发等多个领域。下面重点介绍其"AI视频"功能。

6.2.1 创意描述生视频

"文生视频"功能可以通过输入一段文字描述，将文本内容转化为生动的视频画面。该功能支持标准与高品质两种生成模式，以及多种画幅比例选择，能够满足用户多样化的视频创作需求。

步骤01 开始创作。登录"可灵AI"官网，在"首页"中选择"AI视频"选项，如图6-26所示。

图 6-26

步骤02 输入提示词。打开"AI视频"创作界面，切换到"文生视频"选项卡，在"创意描述"文本框中输入提示词，如图6-27所示。

步骤03 设置参数。随后设置生成模式、生成时长、视频比例等参数，并在"不希望呈现的内容"文本框中输入提示词，单击"立即生成"按钮，如图6-28所示。

步骤04 生成视频。生成的视频会以缩略效果显示在页面右侧。双击缩略图，可以将视频在页面中间放大显示，如图6-29所示。

图 6-27

图 6-28

图 6-29

步骤 05 预览视频。单击 ▣ 按钮，全屏预览视频效果，如图6-30所示。

图 6-30

6.2.2 首帧图片生成视频

可灵大模型能够根据上传的图片内容和提示词生成一段视频，极大地降低了专业视频的创作成本与门槛，为用户提供了丰富的创作灵感与可能。

步骤 01 导入图片。在"可灵AI"首页中选择"AI视频"选项，进入"AI视频"创作界面，默认打开"图生视频"选项卡，将一张熊猫吃竹子的图片拖曳至"点击/拖曳/粘贴"区域，如图6-31、图6-32所示。

步骤 02 设置参数。设置生成模式、生成时长等参数，单击"立即生成"按钮，开始视频生成处理，如图6-33所示。

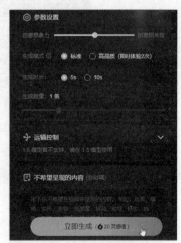

图 6-31   图 6-32   图 6-33

> ⊘ 注意事项 "创意想象力"和"创意相关性"说明
> 若要生成具有独特视觉效果和新颖构思的视频，可以适当提高"创意想象力"参数。若想让视频既具有创新性，又能与原始素材或描述保持高度一致，则可以提高"创意相关性"参数。

步骤 03 预览视频。生成的视频中，熊猫吃掉手里竹子的动作十分自然。全屏预览视频，效果如图6-34所示。

图 6-34

6.2.3　图片创意描述生成视频

使用图片生成视频时，可以适当添加描述词，用于描述想要生成的视频内容。

步骤01 **导入图片**。将一张"灵蛇"图片拖曳至"图生视频"选项卡中的图片区域，如图6-35所示。

步骤02 **输入提示词**。在"图片创意描述"文本框中输入提示词"头部左右慢慢晃动，蛇身自然蠕动"，如图6-36所示。

步骤03 **设置参数**。设置视频的各项参数，单击"立即生成"按钮，如图6-37所示。

图 6-35

图 6-36

图 6-37

步骤04 **预览视频**。加上文字描述后，图片生成视频的效果如图6-38所示。

图 6-38

动手练 一键创作同款视频

可灵AI提供"一键同款"服务，允许用户针对喜爱的创意素材进行快速复制，轻松实现优秀创意的再现与应用。

步骤01 选择模板并执行"一键同款"操作。打开"可灵AI"，在"首页"或"创意图"页面可以看到大量AI图片和视频模板。将光标移动到感兴趣的模板上方，此时该模板左下角会出现"一键同款"按钮，单击该按钮，如图6-39所示。

图 6-39

步骤02 执行生成视频操作。切换至"AI视频"页面，用户可以根据需要对图片创意描述词语以及各项参数进行修改，然后单击"立即生成"按钮，如图6-40所示。

步骤03 生成视频。经过等待后将会生成同款视频。生成的视频会以缩略图的形式在页面左侧显示，单击视频缩略图可以将其放大到页面中间位置，如图6-41所示。

图 6-40

图 6-41

6.3 AI短视频剪辑和玩法

剪映包含生成图片、生成视频、特效及数字人播报等多种AI智能工具，只需通过简单操作，即可制作具备专业水准的视频作品，极大地提升了视频创作的效率与质量。

6.3.1 AI特效的应用

剪映中的"AI特效"功能，可以根据用户输入的描述词以及选择的画面风格进行智能化的图像处理，生成具有风格化效果的视频或图片。

步骤01 **开始创作**。启动"剪映专业版"软件，在首页中单击"开始创作"按钮，如图6-42所示。

图 6-42

步骤02 **执行AI特效操作**。进入剪映创作界面，将素材拖曳至时间线窗口中的视频轨道内，保持素材为选中状态。打开"AI效果"面板，勾选"AI特效"复选框，选择一种风格，随后在"风格描述词"文本框中输入提示词，单击"生成"按钮，如图6-43所示。

图 6-43

步骤 03 **修改生成的效果图**。经过系统处理后生成四张效果图。若对生成的效果不满意，可以单击任意一张效果图上方的 ▭ 按钮，打开"调整"面板，拖动"强度"滑块，可以调整算法结果，调整好参数后单击"重新生成"按钮，如图6-44所示。

图 6-44

步骤 04 **重新生成效果图**。系统重新生成四张效果图。选择一个要使用的特效，单击"应用效果"按钮，即可应用该特效。如图6-45所示。

图 6-45

6.3.2 AI的各种"玩法"

剪映的"AI效果"面板中提供多种模板和效果，可以对素材进行个性化定制，包括为静态图片添加运镜效果、为图片中的人物生成各种类型的写真、改变人物表情、改变人像的风格、人像变脸等。

1. 视频丝滑变速

"丝滑变速"可以使视频片段的播放速度在平滑过渡中实现快慢变化，从而增强视频的动态效果和观看体验。

启动"剪映专业版"软件，进入创作界面，将视频素材拖曳至轨道中，并保持素材为选中状态。打开"AI效果"面板。勾选"玩法"复选框，选择"视频玩法"分类，选择"丝滑变速"选项，为视频添加相应效果，如图6-46所示。

图 6-46

2. 智能扩图

智能扩图是一种利用人工智能技术和深度学习算法对图像进行放大处理的技术。它通过分析原始图片的色彩、纹理、形状等特征，学习图像的风格和细节，然后运用这些学习到的知识来生成新的、放大后的图像。

在"玩法"组中打开"AI绘画"分类，选择"智能扩图"选项，可以对所选图片素材进行扩图，如图6-47所示。

图 6-47

智能扩图前后的对比效果如图6-48、图6-49所示。

图 6-48   图 6-49

3. 立体相册

剪映"玩法"的"立体相册"可以将图片素材中的人像从背景中分割出来，生成动态的立体相册效果。在剪映创作界面中导入素材后，在"AI效果"面板中的"玩法"组内选择"分割"分类，选择"立体相册"选项，如图6-50所示。

图 6-50

素材背景与人像自动分离，并向后倾倒，效果如图6-51所示。

图 6-51

4. 一键换表情

在"AI效果"面板中的"玩法"组中选择"表情"分类，该分类包含梨涡笑、难过、酒窝笑、微笑四种表情。从中选择一种表情，可以为人像应用该表情，如图6-52所示。

图 6-52

原始人像，以及应用难过、酒窝笑表情的效果分别如图6-53～图6-55所示。

图 6-53   图 6-54   图 6-55

6.3.3 文字一键成片

"文字成片"是剪映中的一个视频编辑工具，该工具充分展现了人工智能技术在视频编辑领域的强大应用潜力。该功能可以智能分析用户输入的文案，自动匹配相关的图片、视频素材以及音频，快速生成符合用户需求的视频。

步骤01 执行"文字成片"操作。启动"剪映专业版"软件，在首页中单击"文字成片"按钮，如图6-56所示。

图 6-56

步骤 02 选择视频主题类型、主题等。在打开的窗口中选择"美食推荐"选项，输入美食名称为"红烧肉"，输入话题为"传统吃法、红烧肉盖浇饭"，视频时长选择"1分钟左右"，单击"生成文案"按钮，如图6-57所示。

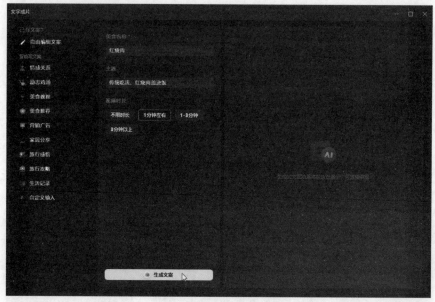

图 6-57

步骤 03 选择文案、声音和素材添加方式。窗口右侧自动生成三份文案。单击底部翻页箭头可以查看所有文案，选择一个需要使用的文案，单击窗口右下角的"声音角色"按钮，在展开的列表中选择一个声音角色。单击"生成视频"按钮，在下拉列表中选择"智能匹配素材"选项，如图6-58所示。

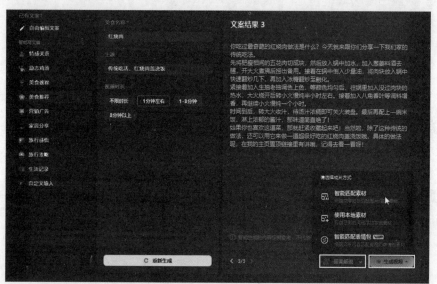

图 6-58

步骤 04 生成视频。系统自动生成视频，并在创作界面中打开该视频，在时间线窗口中可以看到视频使用的所有素材。用户可以根据需要对视频进行进一步编辑，如图6-59所示。

图 6-59

6.3.4 数字人播报

用户可以通过简单的文案，生成具有表情、动作和语音的数字人，为视频创作增添更多趣味性和互动性。

步骤01 **添加素材**。启动"剪映专业版"软件，在首页中单击"开始创作"按钮，打开创作界面。将视频素材拖曳到轨道中，如图6-60所示。

图 6-60

步骤02 **添加默认文本素材**。保持时间轴定位于轨道的起始位置，在窗口左侧的素材区中打开"文本"面板，单击"默认文本"上方的 ✚ 按钮，向时间线窗口中添加一个文本素材，如图6-61所示。

步骤03 **输入文案**。保持文本素材为选中状态，在窗口右侧功能区中的"文本"面板内输入文案内容，如图6-62所示。

步骤04 **添加数字人**。保持文本素材为选中状态，在功能区中打开"数字人"面板，选择一个声音和形象合适的数字人，单击"添加数字人"按钮，如图6-63所示。

图 6-61

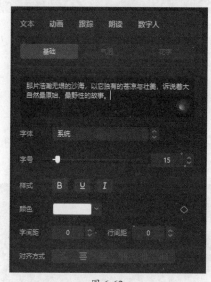

图 6-62

图 6-63

步骤 05 **数字人添加成功**。系统对文案内容进行分析和处理，稍作等待后生成数字人，如图6-64所示。

图 6-64

步骤 06 **删除文本素材**。在时间线窗口中选择文本素材,在工具栏中单击"删除"按钮,将其删除,如图6-65所示。

图 6-65

步骤 07 **调整数字人大小和位置**。在播放器窗口中选择数字人,拖动四个边角处的任意一个圆形控制点可以调整其大小,将光标移动到数字人上方,按住鼠标进行拖动可移动到视频的合适位置,如图6-66所示。

图 6-66

步骤 08 **预览视频**。最后预览视频,查看数字人播报效果,如图6-67所示。

图 6-67

动手练 为数字人播报添加字幕

字幕不仅能够提高视频的表达性和可理解性,还能够丰富观众的观看体验,有助于提升视频的传播效果和影响力。下面在剪映中,根据数字人的朗读音频自动生成字幕。

步骤01 **根据音频提取字幕。** 在剪映中添加数字人后，时间线窗口中会显示数字人素材，右击数字人素材，在弹出的快捷菜单中选择"识别字幕/歌词"选项，如图6-68所示。

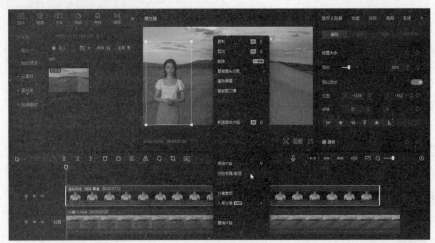

图 6-68

步骤02 **生成字幕。** 视频中生成字幕。字幕和语音的位置会自动匹配，无须用户手动调整，如图6-69所示。

图 6-69

步骤03 **预览视频。** 播放视频，查看为数字人播报添加字幕的效果，如图6-70所示。

图 6-70

拓展应用：清影-AI生成视频

"智谱清言"是一款具备多项强大功能的人工智能助手，其核心功能包括通用问答、多轮对话、创意写作、文档解读、数据分析、代码生成、AI绘画、AI生成视频等。在此重点介绍"AI视频生成"的用法，读者可以尝试使用。

打开"智谱清言"官网，在页面左侧选择"清影-AI视频生成"选项，切换到视频创作界面，如图6-71所示。

图 6-71

"智谱清言"支持"文生视频"和"图片生视频"两种模式。在页面右侧可以切换视频生成模式，在相应模式下输入提示词，上传图片，并设置各项参数，单击"生成视频"按钮生成视频，如图6-72、图6-73所示。

图 6-72　　　　　　　　　　　图 6-73

第7章
AIGC推动新媒体运营

　　AIGC技术在新媒体运营中的应用涵盖快速生成内容、提供个性化推荐、优化视频与图像编辑、支持多语言内容创作、实现精准的数据分析与洞察，以及高效的内容审核等多个方面。这些优势不仅能显著提高运营效率，降低成本，而且能增强用户体验和黏性，为新媒体运营带来前所未有的机遇。本章对AIGC在新媒体运营中的具体应用知识进行介绍。

7.1　新媒体运营概述

现代社会中，新媒体运营的作用日益凸显。它不仅改变了传统的信息传播方式，还提供了与目标受众进行高效沟通和互动的新渠道。

7.1.1　新媒体运营的概念与特点

新媒体运营是指通过各种数字化媒体平台（如微博、微信、抖音、知乎等）进行内容策划、发布、推广、评估等一系列运营活动，旨在提升品牌知名度、吸引用户并提升用户活跃度，进而实现企业的商业目标。新媒体运营的特点主要包括数字化、互动性、多元化、个性化和时效性等。

- **数字化**：新媒体运营完全依托于互联网技术，具有鲜明的数字化特点。运营者可以通过数据分析、用户行为分析等方式，更精准地了解用户需求，制定个性化的运营策略，实现精准营销。
- **互动性**：用户可以通过点赞、评论、转发等方式与其他用户进行互动。这种互动性使得新媒体运营者能够及时了解用户需求和反馈，优化运营策略，提高用户满意度。
- **多元化**：新媒体平台涵盖文字、图片、视频、音频等多种形式的媒体内容，为新媒体运营提供丰富的表达方式。运营者可以根据不同的需求和平台特点，选择合适的媒体形式进行内容创作和传播，提高信息传播的效果。
- **个性化**：通过数据分析和用户行为分析，运营者可以针对不同的用户群体提供个性化的内容和营销策略，提高用户黏性和转化率。
- **时效性**：新媒体内容更新速度快，需要快速响应市场变化和用户需求。运营者需要密切关注时事热点和行业动态，及时调整运营策略和内容方向，保持与市场的同步。

7.1.2　新媒体运营的内容与价值

新媒体运营的内容与价值是相辅相成的，以下是详细阐述。

1. 新媒体运营的主要内容

新媒体运营的内容涵盖内容创作与发布、平台管理与维护、用户互动与关系维护、数据分析与优化、品牌推广与产品营销以及活动策划与执行等多个方面。

- **内容创作与发布**：涉及文字、图片、视频、音频等形式，需确保内容有吸引力且符合品牌定位，同时紧跟时事热点、用户需求和竞争对手动态。
- **平台管理与维护**：包括微信公众号、微博、抖音等平台的管理，日常更新内容、回复用户留言、监测数据，确保平台正常运营及拥有良好的用户体验。
- **用户互动与关系维护**：与用户实时互动，了解需求与反馈，建立并维护良好关系，通过活动提高用户参与度和活跃度。
- **数据分析与优化**：分析阅读量、点赞量、分享量、转化率等数据，评估运营效果，据此调整策略以提升内容质量和传播效果。

- **品牌推广与产品营销：** 制定并执行策略，提升品牌影响力、用户活跃度及产品销量，增强品牌知名度和美誉度。
- **活动策划与执行：** 策划和组织线上活动、互动游戏、抽奖等，确保活动新颖有趣，执行并评估效果。

2. 新媒体运营的价值

新媒体运营在品牌塑造、用户互动、数据收集与分析、市场拓展、危机管理以及成本控制等方面都具有显著的价值。

- **品牌塑造与传播：** 借助新媒体平台，企业能直接与用户对话，通过高质量的内容和定期更新，有效塑造并提升品牌形象。这些平台的广泛影响力让品牌信息迅速传播，极大增强了品牌的知名度和影响力。
- **增强用户互动与忠诚度：** 积极回复用户留言、参与讨论及组织线上活动，不仅能加深用户的参与感和归属感，还能建立稳固的用户关系，提升用户的忠诚度，为品牌培育一群忠实的支持者。
- **数据洞察与分析：** 通过收集和分析用户数据，企业能深入理解用户行为、兴趣和需求，进而优化内容策略，调整运营方向，更精准地贴合用户需求，提升运营成效。
- **市场拓展与多元化销售：** 新媒体打破了地域界限，帮助企业触及更广泛的潜在用户。借助这些平台，企业能开展直播带货、短视频营销等多种营销活动，实现销售渠道的多样化，推动产品销售和业绩增长。
- **危机管理与公关响应：** 面对危机，企业能迅速通过新媒体平台发布官方声明，澄清事实，及时回应关切，有效引导公众舆论，减轻负面影响。同时加强与公众的沟通，维护和提升企业形象。
- **成本控制与运营优化：** 相较于传统媒体，新媒体运营成本更低。合理利用新媒体平台和工具，企业能以较低成本实现品牌推广、用户互动和销售增长。此外，新媒体工具的自动化和智能化应用也提高了运营效率，降低了人力成本。

7.2 AIGC技术助力新媒体运营变革

随着人工智能技术的进一步发展，新媒体创作者将拥有更多的工具来创作高质量、个性化的内容，以满足用户需求。

7.2.1 新媒体运营内容的创作与编辑

AIGC在新媒体运营内容创作方面的应用，主要体现在以下几方面。

1. 写作助手与内容生成

目前很多AIGC工具均具备快速生成文章草稿的能力。例如，使用百度的"文心一言"、腾讯新闻的"小冰"等工具，可以根据用户的需求生成新闻稿、文章、社交媒体帖子等。这些工具不仅能够帮助创作内容，还能提供内容优化的建议。通过分析大量数据，可以识别哪些话题更受欢迎、哪些标题更具吸引力、哪些内容格式更易阅读。新媒体创作者可以利用这些分析结果调整自己的内容策略，提高内容的传播力。

2. 图片与视频编辑

图像和视频处理类的AI工具，具备自动生成个性化图片和视频内容的功能，为新媒体平台提供丰富多样的视觉体验。例如，使用AI驱动的视频编辑软件，可以快速识别视频中的关键场景，并自动剪辑出精彩片段。图像编辑工具，如稿定设计、图怪兽、创客贴、图帮主等，可以自动调整照片的光线、色彩和构图，让新媒体创作者更高效地制作视觉内容。

3. 内容复刻与改写

针对新媒体平台上流行的爆文或热门内容，人工智能应用可以进行复刻与改写。例如，iThinkScene就是一款专门用于复刻小红书爆文与一键发布的AI工具。它可以从检索爆文、解析爆文到复刻和发布，全过程一键完成，大幅提高工作效率。

4. 语音识别与字幕生成

随着视频内容的流行，语音识别技术在新媒体领域变得越来越重要。AI可以将视频中的语音自动转换成字幕，方便用户在不同场合观看视频内容。这不仅提高了内容的可访问性，也使得视频内容更容易被推送，从而增加曝光。

7.2.2 AIGC在新媒体运营中的应用

当人工智能与数据分析相结合，通过深入分析用户行为、评估内容效果、优化广告投放、构建智能推荐系统以及实现数据可视化与报告生成等功能，可以为新媒体运营提供强大的技术支持和决策依据。

1. 用户行为分析和个性化内容推送

AI推荐算法是新媒体平台内容分发的核心。用户行为分析的目的是精准推送，通过分析用户的阅读习惯、点击行为和互动数据，可以精准地将内容推荐给感兴趣的用户。这种个性化的内容分发方式不仅提升了用户体验，也增加了新媒体内容的曝光率和影响力。以Netflix为例，它利用AI技术深入分析用户在新媒体平台上的行为数据，包括观看历史、搜索记录等。通过这些数据，Netflix能够精准描绘用户的喜好和观看习惯，从而为用户提供个性化的电影和电视剧推荐。今日头条的智能推荐系统也是通过分析用户的历史行为和兴趣偏好，为用户推送个性化的新闻内容，极大地提升了用户的阅读体验和平台的活跃度。

2. 社交媒体分析与监测

在新媒体运营中，实时监测和分析社交媒体平台上的话题、情绪、互动等数据，能够帮助运营者更好地了解受众的需求和偏好。通过对这些数据的分析，运营者可以及时发现热门话题和趋势，制定针对性的营销策略。同时，还能监测竞争对手在社交媒体上的活动，为运营者提供有价值的竞争情报。

社交媒体平台，如Instagram、微博等，利用AI大数据模型实时监测内容的互动情况，包括点赞、评论、分享等关键指标。通过分析这些数据，迅速识别出最受欢迎的内容和创作者，并为其提供更多的曝光和推荐机会。同时，对于表现不佳的内容，平台也会基于AI算法提供优化建议，如调整发布时间或改进内容质量，以确保内容的持续优化和提升。

3. 广告投放优化

AI技术在广告投放优化的应用同样显著。以Meta（原Facebook）为例，其广告平台利用AI技术实时监测广告投放效果，并根据用户的点击、观看、转化等行为数据自动调整广告策略。这种智能优化机制使Meta的广告能够以更高的效率和准确性触达目标受众，从而提高广告的曝光率和转化率。通过AI技术的加持，Meta的广告平台不仅为广告主带来了更好的投放效果，也为用户提供了更加精准和有价值的广告体验。

4. 客户关系管理与互动

通过智能聊天机器人等技术，企业平台能够24小时不间断地为客户提供支持。机器人不仅能够快速响应客户咨询，还能根据用户的历史行为和兴趣偏好，为用户提供个性化的推荐和服务。这种智能化的互动方式，不仅增强了用户与品牌之间的互动和黏性，还为平台带来了更多的销售额和口碑传播。例如，淘宝、京东等电商平台均具备这种智能聊天机器人技术。

5. 数据可视化与报告生成

数据可视化与报告生成也是新媒体运营中非常重要的一环。许多企业利用AI技术将数据分析结果以直观、易懂的方式呈现出来，如生成图表、柱状图等可视化报告。这些报告不仅能够帮助企业更好地理解用户行为和市场趋势，还能够为企业的决策提供有力的支持。

6. 预测与决策支持

通过机器学习等算法，人工智能技术可以对新媒体运营中的数据进行深度挖掘和分析，预测未来的市场趋势和用户行为。这些预测结果可以为运营者提供有价值的决策支持，帮助他们制订更加科学合理的营销策略和计划。

7.2.3　常用的AIGC工具推荐

针对新媒体运营，推荐以下几款常用的AIGC工具。它们能够帮助运营者更高效、精准地进行内容创作、数据分析以及制定和执行营销策略等。这些工具涵盖文案创作、视觉设计、视频编辑、音频处理、数据分析与优化等多个方面。

1. 文案创作类

- **ChatGPT**：由OpenAI公司推出的聊天对话机器人，建立在GPT-4语言模型上，可执行各种自然语言处理任务（如总结、分类、提问和回答），以及类似人类反应的错误纠正。主要用于撰写文案、市场分析报告和营销策略，提供创意建议，使内容创作变得高效且富有想象力。
- **文心一言**：百度公司研发的知识语言模型，能够与人对话互动、回答问题、协助创作，可便捷地帮助人们获取信息、知识和灵感，用于提供文案创作支持。
- **秘塔写作猫**：一款智能写作辅助工具，通过AI技术为用户提供高质量、有效的写作支持。具备智能纠错、语法检查、中文润色、英文翻译等功能。用于辅助用户快速撰写工作汇报、小红书笔记、工作日志等各类文本内容，提高写作质量和效率。

- **简单AI**：搜狐公司旗下的全能型AI创作助手，包括AI绘画、文生图、图生图、AI文案、AI头像、AI素材、AI设计等。能够一键生成创意美图，快速撰写爆款文章，提供多种AI创作功能。

2. 视觉设计类

- **MidJourney**：一款基于AI技术的图像生成工具，采用扩散模型技术，根据用户输入的文字描述自动生成相应图像。为游戏开发、广告创意、艺术创作等领域提供灵感激发和创意无限的图像生成服务。
- **文心一格**：百度公司推出的AI绘画生成器，根据用户输入的文字描述自动生成精美画作，提供多种画幅和风格选择。用于游戏开发、广告创意、艺术创作等场景，提高图像生成效率与质量。
- **Palette**：字节跳动公司开发的AI绘画软件，利用人工智能技术为用户提供色彩搭配建议和个性化的绘画、滤镜效果。面向视觉设计、艺术创作等领域，帮助用户激发设计灵感、提高创作效率与质量。
- **即梦AI**：字节跳动公司推出的一站式人工智能创作平台，支持通过自然语言和图片输入，生成高质量的图像和视频，并提供智能画布、AI视频生成、故事创作模式等多种功能，旨在降低创意门槛，激发用户的想象力，推动创意产业的发展。

3. 视频编辑类

- **一帧秒创**：基于人工智能的视频创作平台，能够根据用户输入的文本或语音，快速生成相应的视频内容。适用于短视频制作、视频营销、教育培训和影视制作等场景，提高视频制作效率和质量。
- **快剪辑**：面向自媒体创作者、个人用户和中小企业等用户的视频剪辑软件，提供丰富的剪辑工具和特效效果。帮助用户快速制作高质量的视频作品，适用于自媒体创作、短视频创作、商业视频制作、教育培训等多个领域。
- **来画**：简单易用的动画制作平台，通过人工智能技术和拖曳式操作方式，让用户能够快速创建富有创意和个性化的动画作品。适用于设计师、营销人员、教育工作者和个人用户等多个领域，提供方便易用的动画制作工具。

4. 音频处理类

- **配音鸭**：AI配音软件，可将文字转换为多种音色的配音，且可调节情绪以适应不同场景。为视频、广告、有声书等提供高质量的配音服务。

5. 数据分析与优化类

- **千瓜**：提供数据分析服务，包括找选题、分析热门笔记、查看热词排行等。助力内容策略规划，提高内容的吸引力和传播力。
- **SheetAI.app**：利用人工智能将文本转换为Google表格公式，可用于生成程序化SEO

内容、个性化电子邮件等。优化SEO内容，提高电子邮件的营销效果。

● **言秘书AI助手**：集成文心4和GPT-4技术，支持撰写文案、脚本、文章，同时具备日程安排及实时录音转文字功能。提供全方位的创作和管理支持，提高工作效率。

动手练 使用AIGC撰写商业活动策划书

AIGC可以根据用户的个性化需求和兴趣，生成定制化的商业活动方案，提高用户的参与度和满意度。下面使用"文心一言"撰写一份商业活动策划书。

输入提示词：

请根据"智启未来，家更温馨"活动主题，帮我写一份智能家居设备展销会活动策划书。

内容生成如下。

智能家居设备展销会活动策划书

一、活动目标

（1）品牌宣传：提升智能家居品牌的知名度和美誉度。

（2）产品展示：全方位展示智能家居设备的各项功能与应用场景。

（3）体验互动：通过亲身体验，增强消费者对智能家居产品的兴趣和购买意愿。

（4）市场教育：普及智能家居知识，引导消费者理解并接受智能家居生活方式。

（5）促进销售：直接或间接推动智能家居产品的销售。

二、活动主题

"智启未来，家更温馨 —— 智能家居设备展销盛会"

三、活动时间与地点

时间：选择周末或节假日，持续一天至两天。

地点：××科技馆，确保交通便利、人流量大。

四、活动内容

1. 开幕式

邀请行业专家、品牌代言人进行开场致辞，阐述智能家居的发展趋势和本次活动的重要意义。

简短而震撼的灯光秀或科技表演，营造科技感氛围。

2. 智能家居展示区

客厅区：展示智能灯光、智能音响、智能电视墙、智能窗帘等，演示如何通过语音控制或手机App实现一键场景切换。

卧室区：展示智能床、智能睡眠监测、智能空调等，强调舒适睡眠体验。

厨房区：展示智能冰箱、智能烤箱、智能烟灶联动等，演示智能厨房的便捷操作。

安防监控区：展示智能门锁、监控摄像头、烟雾报警器等，强调家庭安全的重要性。

能源管理区：展示智能电表、智能插座等，介绍节能减排的智能生活理念。

3. 互动体验区

VR体验区：利用VR技术，让消费者身临其境地体验智能家居带来的生活变革。

DIY定制区：提供个性化智能家居解决方案咨询，让消费者根据自己的需求定制专属智能家居系统。

游戏竞赛区：设置智能家居知识问答、快速操作挑战等游戏，增加活动的趣味性和参与感。

......

五、宣传推广

......

六、活动执行与监控

......

七、后期跟进

......

八、预期成果与风险控制

......

7.3 新媒体内容创作技能

AIGC在新媒体内容创作中的应用主要体现在快速生成文章大纲、正文内容，提供创意灵感，以及通过大数据分析预测热门话题和趋势，从而助力内容创作者高效产出高质量、符合受众兴趣的内容。

7.3.1 宣传创意启发

创意启发通过激活思维，启发人们创造新的、独特的观点和想法。在新媒体运营中，创意启发的重要性不言而喻。它不仅能够帮助运营人员打破传统框架，创造新颖独特的内容，还能够吸引用户的注意力，提升用户的参与度和黏性，从而增强品牌影响力，促进产品销售。因此，在新媒体运营中，注重创意启发，不断探索新的创意方向和表现形式，对于提升运营效果具有至关重要的作用。

在向AIGC提问时可以用简洁的描述明确自己的身份和需求，为想要获取的内容设定方向。

输入提示词：

作为一名新媒体运营工作人员，我正在寻找一个与护肤品相关的、既能引起用户兴趣又能体现我们产品优势的话题或观点，你有什么建议吗？

生成内容如下。

针对您的需求，我建议您考虑以下话题或观点作为新媒体运营的素材：

话题："肌肤年龄的秘密：如何科学抗老，保持肌肤年轻态？"

观点：在当今社会，随着科技的进步和消费者护肤意识的提升，科学抗老已成为众多护肤品品牌的核心竞争力。我们的产品通过独特的成分组合和技术创新，能够深入肌肤底层，有效对抗岁月痕迹，让肌肤焕发年轻光彩。同时，我们也倡导科学护肤的理念，鼓励消费者根据自身肤质和需求，选择适合自己的护肤品，让肌肤在科学的呵护下，保持年轻态。

这个话题既能够引起用户对科学护肤、抗老保养的兴趣，又能够突出您产品的优势，提升品牌形象，同时也能够引导用户对产品进行深入了解，促进销售。希望这个建议对您有所帮助！

7.3.2 "小红书"文案写作

"豆包"是字节跳动公司推出的一款AI模型，具备广泛的知识储备，能进行聊天对话、写作辅助、英语学习等，可以为用户提供答疑解惑、激发灵感、辅助创作等服务，下面使用"豆包"生成"小红书"风格的护肤品营销推广文案。

步骤01 **执行"帮我写作"操作**。通过浏览器搜索"豆包"进入豆包主页，单击"帮我写作"按钮，如图7-1所示。

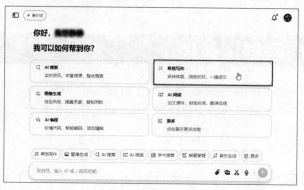

图 7-1

步骤02 **选择文案风格**。在打开的页面中找到"小红书"模块，单击该模块，此时文本框中自动显示适用于小红书的模板，如图7-2所示。

图 7-2

步骤 03 **完善提示词**。在文本框中根据需要输入主题，并完善提示词，此处加入"秋季皮肤面临的挑战""秋季护肤的关键步骤""不同肤质的秋季护肤要点"三个关键词，随后单击"发送"按钮发送提示词，如图7-3所示。

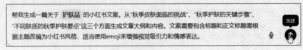

图 7-3

步骤 04 **返回结果**。系统经过对提示词进行分析，给出符合小红书风格的文案，如图7-4所示。

图 7-4

7.3.3　热点抓取和趋势分析

使用"豆包"的"AI搜索"功能可以实时抓取并呈现最新的资讯内容，整合来自多个丰富信源的信息，还可以对抓取的信息进行分析，从而预测未来发展方向。下面通过大数据检测获取护肤品的热门话题、事件和趋势等。

步骤 01 **启动AI搜索模式**。登录"豆包"首页，单击"AI搜索"按钮，如图7-5所示。

图 7-5

步骤 02 **发送提示词**。在打开的页面中输入提示词，随后单击"发送"按钮，如图7-6所示。

图 7-6

步骤 03 返回结果。系统根据发送的内容对最新的网络信息进行搜索，并对有用的信息进行分析、提取和总结，并以文字形式给出回复，如图7-7所示。

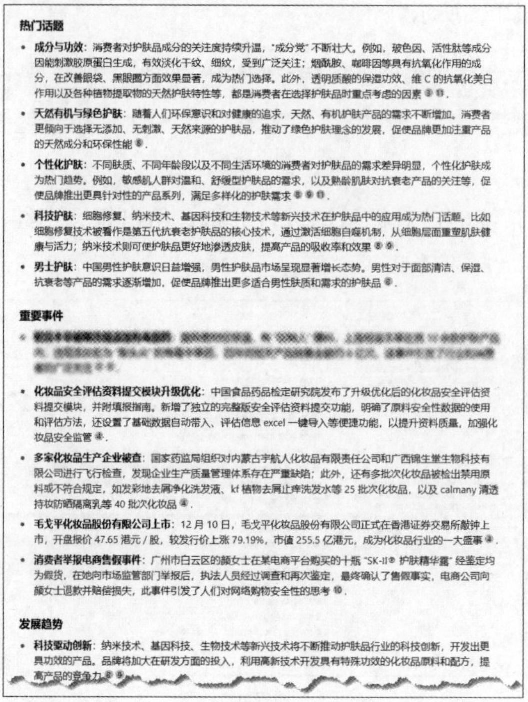

热门话题

- **成分与功效**：消费者对护肤品成分的关注度持续升温，"成分党"不断壮大。例如，玻色因、活性肽等成分因能刺激胶原蛋白生成，有效淡化干纹、细纹，受到广泛关注；烟酰胺、咖啡因等具有抗氧化作用的成分，在改善眼袋、黑眼圈方面效果显著，成为热门选择。此外，透明质酸的保湿功效、维C的抗氧化美白作用以及各种植物提取物的天然护肤特性等，都是消费者在选择护肤品时重点考虑的因素 [3] [11]。
- **天然有机与绿色护肤**：随着人们环保意识和对健康的追求，天然、有机护肤产品的需求不断增加。消费者更倾向于选择无添加、无刺激、天然来源的护肤品，推动了绿色护肤理念的发展，促使品牌更加注重产品的天然成分和环保性能 [8]。
- **个性化护肤**：不同肤质、不同年龄段以及不同生活环境的消费者对护肤品的需求差异明显，个性化护肤成为热门趋势。例如，敏感肌人群对温和、舒缓型护肤品的需求，以及熟龄肌肤对抗衰老产品的关注等，促使品牌推出更具针对性的产品系列，满足多样化的护肤需求 [8] [9] [11]。
- **科技护肤**：细胞修复、纳米技术、基因科技和生物技术等新兴技术在护肤品中的应用成为热门话题。比如细胞修复技术被看作是第五代抗衰老护肤品的核心技术，通过激活细胞自噬机制，从细胞层面重塑肌肤健康与活力；纳米技术则可使护肤品更好地渗透皮肤，提高产品的吸收率和效果 [8] [9]。
- **男士护肤**：中国男性护肤意识日益增强，男性护肤品市场呈现显著增长态势。男性对于面部清洁、保湿、抗衰老等产品的需求逐渐增加，促使品牌推出更多适合男性肤质和需求的护肤品 [8]。

重要事件

- [illegible]
- **化妆品安全评估资料提交模块升级优化**：中国食品药品检定研究院发布了升级优化后的化妆品安全评估资料提交模块，并附填报指南。新增了独立的完整版安全评估资料提交功能，明确了原料安全性数据的使用和评估方法，还设置了基础数据自动带入、评估信息 excel 一键导入等便捷功能，以提升资料质量，加强化妆品安全监管 [4]。
- **多家化妆品生产企业被查**：国家药监局组织对内蒙古宇航人化妆品有限责任公司和广西锦生堂生物科技有限公司进行飞行检查，发现企业生产质量管理体系存在严重缺陷；此外，还有多批次化妆品被检出禁用原料或不符合规定，如发彩地去屑净化洗发液、kf 植物去屑止痒洗发水等 25 批次化妆品，以及 calmany 清透持妆防晒隔离乳等 40 批次化妆品 [4]。
- **毛戈平化妆品股份有限公司上市**：12 月 10 日，毛戈平化妆品股份有限公司正式在香港证券交易所敲钟上市，开盘报价 47.65 港元 / 股，较发行价上涨 79.19%，市值 255.5 亿港元，成为化妆品行业的一大盛事 [4]。
- **消费者举报电商售假事件**：广州市白云区的颜女士在某电商平台购买的十瓶 "SK-II® 护肤精华露" 经鉴定均为假货，在她向市场监管部门举报后，执法人员经过调查和再次鉴定，最终确认了售假事实，电商公司向颜女士退款并赔偿损失，此事件引发了人们对网络购物安全性的思考 [10]。

发展趋势

- **科技驱动创新**：纳米技术、基因科技、生物技术等新兴技术将不断推动护肤品行业的科技创新，开发出更具功效的产品。品牌将加大在研发方面的投入，利用高新技术开发具有特殊功效的化妆品原料和配方，提高产品的竞争力 [8] [9]

图 7-7

7.3.4 生成产品宣传图

"豆包"的图像生成功能十分强大，用户只需通过简单的文字描述或上传图片，即可利用AI技术生成或编辑各种风格迥异、符合需求的图片，包括人像、风景、创意设计等，且支持从抠图、调色到换背景、风格转换等多种操作，为用户提供极大的便利和创作空间。下面使用"豆包"生成一组全自动按摩椅的宣传图。

步骤 01 输入提示词。登录"豆包"官网，在首页的对话模式直接输入要生成产品的描述词，随后单击"发送"按钮，如图7-8所示。

步骤 02 生成效果图。系统随即生成四张效果图，单击图片可以查看放大图效果，如图7-9所示。

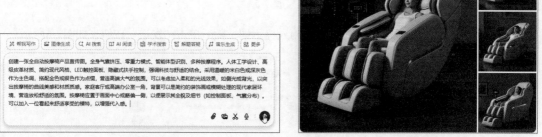

图 7-8

图 7-9

步骤 03 **执行"扩图"命令。** 从四张图片中选定一张满意的图片,将光标移动到该图片上方,图片下方会显示一排图标,单击"扩图"图标,如图7-10所示。

步骤 04 **更改图片比例。** 切换到扩图模式,选择的图片会在页面中被放大显示,图片上方显示不同的图片比例选项,此处选择"4:3",单击"按新尺寸生成图片"按钮,如图7-11所示。

图 7-10

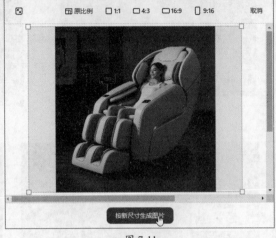

图 7-11

步骤 05 **执行"区域重绘"命令。** 系统根据所选择的比例对图片进行自动扩图。单击图片上方的"区域重绘"按钮,如图7-12所示。

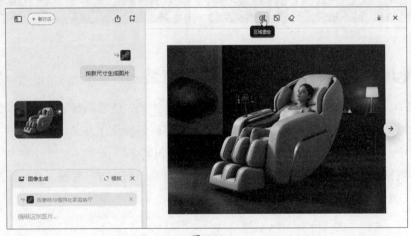

图 7-12

步骤 06 **切换至区域重绘模式。** 此时光标会变成一个白色圆圈,拖动图片顶部的圆形滑块可以调整笔触的大小,如图7-13所示。

步骤 07 **涂抹需要重绘的区域。** 拖动鼠标,在图片上方需要重绘的部分进行涂抹,如图7-14所示。

步骤 08 **发送重绘提示词。** 松开鼠标后图片上方出现一个对话框,输入重绘提示词,单击"发送"按钮发送内容,如图7-15所示。

步骤 09 **完成图片重绘。** 系统对涂抹的区域进行重绘,效果如图7-16所示。在图片上方右击,在弹出的快捷菜单中选择"下载原图"命令,可以下载图片。

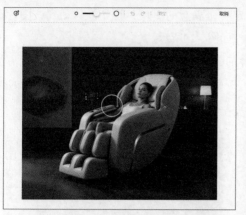

图 7-13

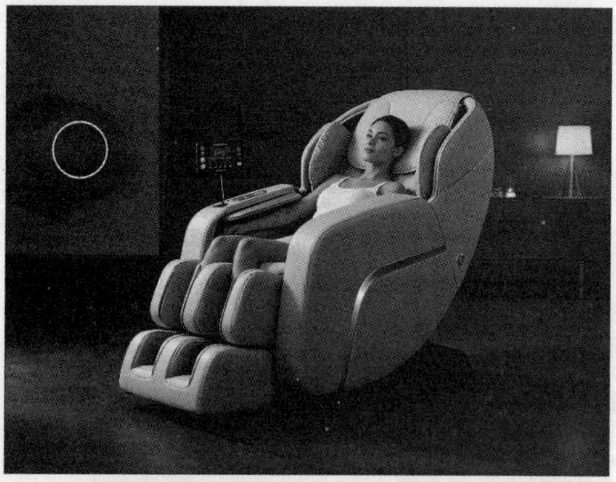

图 7-14

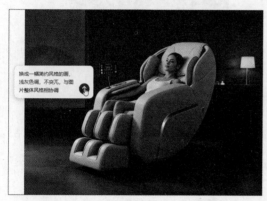

图 7-15

图 7-16

动手练 使用"AI小方"一键生成产品包装

"AI小方"是一款专注于包装设计领域的AIGC设计工具，能够满足平面设计、包装设计、灵感创意生成等多种需求场景，支持一键生成创意灵感和包装设计方案，同时提供在线效果预览功能。下面使用"AI小方"的对话模式一键生成产品包装。

步骤01 发送提示词。通过浏览器搜索"AI小方"登录"AI小方"官网。在对话框中输入提示词，单击"发送"按钮，如图7-17所示。

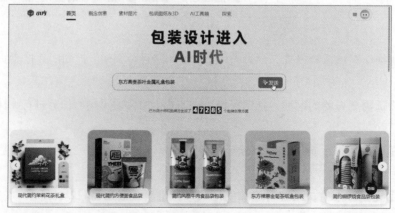

图 7-17

步骤02 读取并回复信息。 系统对发送的关键词进行分析，并返回其他需要补充的条件，如图7-18所示。

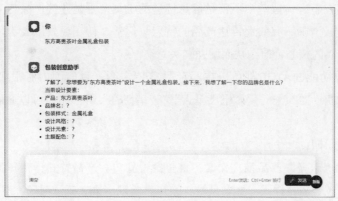

图 7-18

步骤03 补全包装生成信息。 根据系统回复补全其他包装信息，单击"发送"按钮发送信息，如图7-19所示。

图 7-19

步骤04 生成包装设计图。 稍作等待，可以自动生成四张包装设计图，如图7-20所示。

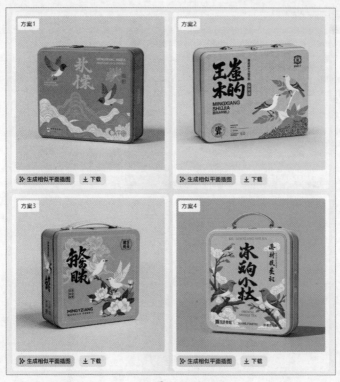

图 7-20

拓展应用：撰写产品推广文案

产品推广文案在新媒体运营中不仅是信息传递的工具，更是连接产品与消费者的桥梁。可以通过文字的力量，清晰、有效地传达产品的特点、优势、使用场景以及为用户带来的好处，帮助消费者理解产品的核心价值，从而增强购买意愿。

具有文字生成功能的AIGC都可以撰写产品宣传文案。目前国内有很多提供免费服务的AIGC模型，常见的有"文心一言""讯飞星火""智谱清言"等。用户可以通过对话模式发送文案撰写提示词。

例如，输入提示词：

帮我写一篇"摩卡壶"产品推广文案，用于微博宣传。产品特点：便捷操作、快速萃取，咖啡口感浓郁，有多种风格样式。文案风格：亲切、幽默。语言简洁明了，突出产品特点。

生成内容如图7-21所示。

【☕唤醒晨光的魔法壶🪄 —— 摩卡壶，家的温馨咖啡馆☕】

早安，亲爱的咖啡迷们！☕ 在这个快节奏的世界里，是否渴望每天早晨都能被一缕浓郁的咖啡香温柔唤醒？👀 想象一下，不用排队，不出家门，就能享受到如咖啡馆般醇厚的意式浓缩咖啡…这不只是梦想，摩卡壶，让你的每一天都充满仪式感！☕

🔥【经典传承，匠心独运】
摩卡壶，源自意大利的经典设计，每一滴咖啡都承载着对品质的坚持。它不仅仅是一个煮咖啡的工具，更是连接传统与现代的桥梁，让每一次煮制都成为一次小小的艺术创作。✏️

💎【自然材质，健康之选】
采用优质铝合金与不锈钢材质，导热均匀快速，无毒无害，保留咖啡最纯粹的风味。搭配耐热玻璃壶身（部分款式），透明可视，亲眼见证咖啡魔法从沸腾到醇香的每一个瞬间。👀

💧【操作简单，乐趣无限】
无需复杂技巧，只需简单几步，就能享受大师级的意式浓缩。加入研磨好的咖啡粉，注入清水，置于热源之上，等待那"噗嗤"一声，是咖啡成熟的信号，也是新一天美好的开始。☕

☕【多样款式，装点生活】
从复古到现代，从简约到华丽，摩卡壶拥有多种风格设计，完美融入你的家居空间。它不仅是厨房的小帮手，更是提升生活品质的艺术品，让每一次咖啡时光都充满格调。🏠

🎁【送礼自用，两相宜】
无论是为自己寻找一份日常的小确幸，还是为朋友送上温暖的祝福，摩卡壶都是不二之选。它代表着对生活的热爱，对品质的追求，以及对美好瞬间的珍惜。💝

别等了，是时候给自己的味蕾和心灵放个小假，用摩卡壶，煮一壶香浓，品味生活的每一刻。☕

#摩卡壶# #意式浓缩# #家居咖啡馆# #生活美学# #每日咖啡时间#

由文心大模型3.5生成

🔄重新生成　📋 🔖 … 　👍 👎

图 7-21

第8章
AIGC助力代码
编写与调试

代码就是一系列由程序员编写的、计算机可以直接识别并执行的指令集。通过代码可以向计算机下达指令，并让它完成特定的任务。借助AIGC工具，代码的编写与调试将变得更加轻松且高效。本章以Python代码和HTML5代码的生成与调试为例，介绍AIGC如何助力代码的编写与调试。

8.1 代码基础知识

代码是用编程语言编写的一系列指令，这些指令使计算机能够执行特定的任务，从而实现不同的功能。本节将对代码的基础知识进行介绍。

8.1.1 认识代码

代码实际上是程序员用编程语言在开发工具上编写的源文件，这些文件必须遵循特定的语言规则。通过代码，程序员能够将复杂的逻辑和算法转换为计算机可以理解的形式，从而实现特定的功能和任务。下面是一个简单的Python代码示例。

```python
import tkinter as tk
from tkinter import messagebox
def calculate_square():
    try:
        num = float(entry.get())
        messagebox.showinfo("结果", f"{num} 的平方是: {num ** 2}")
    except ValueError:
        messagebox.showerror("错误", "请输入有效的数字")
root = tk.Tk()
root.title("平方计算器")
entry = tk.Entry(root)
entry.pack(pady=10)
tk.Button(root, text="计算平方", command=calculate_square).pack(pady=10)
root.mainloop()
```

运行效果如图8-1、图8-2所示。

图 8-1

图 8-2

8.1.2 什么是编程语言

编程语言是一种人工设计的、用于编写计算机程序的语言，它提供一套明确的规则和语法结构，使开发者以计算机能够理解的方式向其发出指令，从而执行特定的任务、处理数据或解决特定的问题。常用的编程语言包括Python、C、C++、Java、JavaScript等，下面进行简单介绍。

1. Python

Python是1991年发布的一种高级编程语言，以简洁的语法、强大的功能和丰富的库资源而广受青睐。它强调代码的可读性和简洁性，使程序员能够用更少的代码实现更复杂的功能。Python支持多种编程范式，包括面向对象、函数式和命令式编程，为开发者提供极大的灵活性。

此外，Python的跨平台特性和动态类型系统使其成为许多领域的首选语言，尤其是在数据科学、人工智能、Web开发和自动化脚本编程等方面。凭借其强大的社区支持和丰富的第三方库，Python在快速原型开发和大规模应用程序开发中都表现出色。

2. C

C语言是一种结构化编程语言，以高效、快速和可移植性而著称。尽管C语言不支持面向对象编程等高级特性，但其简洁的语法和强大的运算能力使其成为系统软件开发、嵌入式系统编程以及网络通信协议实现等领域的首选语言，C语言编写的代码通常具有高度的可预测性和可控性，使开发者能够精确控制程序的执行流程和资源使用。

3. C++

C++是一种计算机高级程序设计语言，基于C语言扩展而来，它在保留C语言的高效性和灵活性的同时，增加了面向对象编程的特性，如封装、继承和多态等。这些特性使得C++能够更好地支持大型软件的开发与维护，提高了代码的可重用性和可扩展性。此外，C++还支持泛型编程和函数式编程等多种编程范式，进一步增强了其表达能力和灵活性。

4. Java

Java是一种面向对象的高级编程语言，最初由Sun公司于1995年发布，目前由Oracle公司维护。其设计初衷是提供一种简单易用且具有强大跨平台能力的编程语言，使开发者能够轻松创建在各种平台上均可运行的应用程序。

Java以跨平台特性和丰富的类库而广受欢迎，程序可以在Java虚拟机（JVM）上运行，确保在不同操作系统上无缝运行而无须修改代码。庞大的社区支持和丰富的第三方库资源，则为开发者提供了多样的选择和便利。

5. JavaScript

JavaScript是一种高级的、面向对象的解释性编程语言，主要用于在网页上实现动态交互效果。作为Web开发的核心技术之一，JavaScript能够为用户提供丰富的动态交互和用户体验，支持表单验证、动画效果和动态内容更新等常见功能。它与HTML5和CSS3等技术紧密结合，能够创建高度互动和响应式的Web应用程序。

JavaScript具有动态性和弱类型的特点，允许开发者在运行时灵活地修改变量、对象和函数，并支持自动的类型转换。此外，JavaScript还提供强大的异步编程支持，开发者可以通过回调函数、Promise以及async/await等机制高效地处理异步操作，从而构建出更加复杂且响应迅速的Web应用程序。

使用不同的编程语言实现"Hello, World!"输出的简单代码示例如表8-1所示。

表8-1

编程语言	代码
Python	print("Hello, World!")
C	```#include <stdio.h>int main() { printf("Hello, World!\n"); return 0;}```
C++	```#include <iostream>int main() { std::cout << "Hello, World!" << std::endl; return 0;}```
Java	```public class HelloWorld { public static void main(String[] args) { System.out.println("Hello, World!"); }}```
JavaScript	console.log("Hello, World!");

8.1.3 代码的组成要素

代码的组成要素包括语法、数据、函数/方法等，这些组成要素共同协作，使得程序可以按照设计平稳地运行。下面对代码的组成要素进行介绍。

1. 语法 (Syntax)

- **关键字(Keyword)：** 编程语言中预定义的保留字，具有特定功能，如控制结构（if、for）和数据类型（int、float）等。
- **标识符(Identifier)：** 程序员自定义的名称，用于标识变量、函数、类等，遵循命名规则（如不以数字开头）。
- **操作符(Operator)：** 用于执行运算的符号，包括算术运算符（+、-）、比较运算符（==、!=）、逻辑运算符（&&、||）等。
- **分隔符(Separator)：** 用于分隔代码结构的符号，如括号、分号和逗号等。

2. 数据 (Data)

- **变量(Variable)：** 用于存储数据的容器，支持不同的数据类型。
- **常量(Constant)：** 在程序执行期间保持不变的值，通常用于配置和固定参数。
- **数据类型(Data Type)：** 定义数据的性质和操作，包括基本数据类型（如整型、字符型）和复合数据类型（如数组、对象）等。

3. 控制结构 (Control Structure)

- **顺序结构**: 代码按照从上到下的顺序依次执行。
- **选择结构(分支结构)**: 根据条件判断的结果选择不同的执行路径, 如if、else、switch等。
- **循环结构**: 重复执行特定的代码块, 直到满足循环的终止条件, 如for循环、while循环等。

4. 函数 / 方法 (Function/Method)

- **定义**: 将特定功能封装在一个独立的代码块中, 促进代码重用。
- **参数**: 函数/方法可以接受输入参数, 以增强灵活性。
- **返回值**: 函数/方法可以返回一个结果, 供调用者使用。

5. 类与对象 (面向对象编程中)

- **类(Class)**: 定义对象的属性和方法, 提供创建对象的模板。
- **对象(Object)**: 类的实例, 具有特定的状态和行为。
- **封装(Encapsulation)**: 将数据和相关操作封装在一起, 隐藏对象内部状态, 只暴露必要的接口, 从而增强数据的安全性。
- **继承(Inheritance)**: 支持代码复用, 子类可以继承父类的属性和方法。
- **多态(Polymorphism)**: 支持不同的类以统一的接口进行交互, 增强灵活性和可扩展性。

6. 注释 (Comment)

- **单行注释**: 用于对当前行的代码进行简短说明, 通常以//开头。
- **多行注释**: 适用于对多行代码进行说明, 使用/* ... */标记。
- **文档注释**: 用于生成文档的注释, 描述类、方法及其参数, 通常遵循特定格式。

> **⚠注意事项** 不同的编程语言使用的注释符号也不尽相同。

7. 异常处理 (Exception Handling)

- **异常(Exception)**: 程序运行时出现的错误或不正常状态。
- **捕获(Catch)**: 通过特定结构捕获并处理异常, 确保程序的稳定性。
- **抛出(Throw)**: 在发生异常时, 将其传递给调用者或处理机制。

8. 模块与包 (Module and Package)

- **模块(Module)**: 将相关代码组织在一起, 形成独立的逻辑单元, 便于管理和重用。
- **包(Package)**: 用于组织类和接口的命名空间, 避免命名冲突, 提升代码结构的清晰度。

8.1.4 代码的分类

根据不同的标准和目的, 可以将代码分为不同类型, 下面对一些常见分类方式进行介绍。

1. 按功能分类

- **系统代码**: 与操作系统、硬件直接交互的代码, 负责管理硬件资源并提供基础服务,包括操作系统内核、设备驱动程序、系统级实用程序等。系统代码是确保计算机硬件和软件能够协同工作的关键。

- **应用程序代码**：为满足用户特定需求而开发的代码，直接面向最终用户，包括桌面应用、移动应用等。
- **库和框架代码**：提供开发工具和库，帮助开发者快速构建应用。库是一组预编写的代码，用于执行常见任务，如数学计算、文件处理等。框架则是一种特定的软件架构，它规定了应用程序的结构、组件之间的交互方式以及如何处理外部事件。
- **脚本代码**：用于自动化任务和处理数据的代码，多用于解释执行，如Python脚本、Bash脚本等。

2. 按执行方式分类

- **解释型代码**：代码在运行时逐行解释执行，无须预先编译，如Python、JavaScript等。
- **编译型代码**：代码在执行前被编译为机器语言，并生成可执行文件，如C、C++等。
- **混合型代码**：部分代码编译，部分代码解释执行，结合两种执行方式的优点，如Java、C#等。

3. 按编程范式分类

- **面向对象代码**：基于对象和类的编程范式，强调数据和操作的封装，如Java、C++、Python（部分）等。
- **面向过程代码**：基于过程和函数的编程范式，强调步骤和顺序，如C、汇编语言等。
- **函数式代码**：基于函数和数学表达式的编程范式，强调函数的不可变性、纯函数、高阶函数以及函数组合等概念，如Haskell、Scala等。
- **响应式代码**：基于数据流和变化传播的编程范式，强调异步数据流和事件驱动，如React.js、Vue.js等。

4. 按使用领域分类

- **前端代码**：用于构建用户界面的代码，直接在用户的浏览器中运行，如HTML、CSS、JavaScript等。
- **后端代码**：用于处理业务逻辑和数据存储的代码，通常运行于服务器端，如Java、PHP、Ruby等。
- **嵌入式代码**：专门用于嵌入式系统的编程代码，一般使用C、C++等编程语言编写。

5. 按数据处理方式分类

- **同步代码**：代码按顺序执行，每一步必须等待前一步完成。
- **异步代码**：代码可以在等待某些操作（如I/O操作）完成时继续执行其他任务。

这些分类并不互斥，一个代码项目可以同时属于多个分类。

8.1.5　代码的调试与维护

代码的调试与维护是软件开发过程中至关重要的环节，直接影响软件的质量、稳定性和可持续性。下面对代码的调试与维护进行介绍。

1. 代码的调试

代码的调试是指使用特定工具或方法，检查、定位和修复代码中错误和缺陷的过程，其目的是确保程序能够按照预期的方式正确运行。常用调试技术和方法如下。

1）逐步调试与条件断点

逐步调试是调试过程中最常用的方法之一。通过使用调试器，开发者可以逐行执行代码，观察变量的值和程序的执行流程。这种方式允许开发者深入代码细节，通过设置断点、单步执行、跳过函数等操作，来精确定位和理解问题。条件断点则是在特定条件满足时才会触发的断点，它能够在复杂逻辑中帮助开发者更精确地定位问题，减少不必要的断点触发。这些功能通常集成在现代集成开发环境（IDE）中，如Visual Studio、Eclipse、PyCharm等。

2）打印调试与日志调试

打印调试和日志调试是两种简单易用的调试方式。打印调试通过在代码中插入打印语句来输出变量值和程序状态，帮助开发者快速定位问题。而日志调试则通过记录程序运行过程中的重要信息，帮助开发者分析和理解程序的执行状态。这两种方式都无需特殊工具，但在大型或复杂代码中，过多的打印语句可能会影响可读性和性能。因此，在使用时需要注意平衡可读性和性能之间的关系。日志调试则更适合于生产环境的问题追踪和性能监控，常用的日志库包括log4j（Java）、logging（Python）等。

3）单元测试与静态分析

单元测试是编写自动化测试用例来验证代码的功能是否符合预期的一种调试方式。通过编写测试用例，开发者可以在代码修改后快速发现问题，确保代码的稳定性和可靠性。常用的单元测试框架包括JUnit（Java）、pytest（Python）、NUnit（.NET）等。静态分析则是在不执行代码的情况下分析代码，识别潜在问题和代码异常。这种方式能够在代码编写阶段发现问题，提高代码质量。常用的静态分析工具包括SonarQube、ESLint、Pylint等。

4）性能分析

性能分析是识别代码中的性能瓶颈，提供执行时间和资源消耗的详细信息的一种调试方式。通过性能分析，开发者可以找到代码中的性能瓶颈，并进行优化，提高程序运行效率。常用的性能分析工具包括gprof（C/C++）、VisualVM（Java）、cProfile（Python）等。这些工具能够帮助开发者深入了解程序的性能表现，为优化提供有力支持。

随着人工智能技术的发展，AIGC工具利用深度学习和自然语言处理等技术，在代码的调试中逐渐发挥越来越重要的作用，具体包括以下内容。

1）自动化错误检测

AIGC通过融合静态分析和动态分析技术，能够精准地识别代码中的错误和潜在问题。静态分析深入源代码的每一个细节，揭示语法错误、类型不匹配以及未使用的变量等问题；动态分析则在程序运行时紧密监控，捕捉如数组越界、空指针引用等运行时错误，为开发者提供即时且有效的反馈。

2）智能建议与代码补全

AIGC可以依据当前代码的上下文，智能推荐变量名、函数名等补全选项，结合开发者的意图推荐合适的代码片段。同时，实时的拼写和语法检查功能有效减少了常见的拼写和语法错误，帮助开发者在编码过程中及时发现并修正问题，避免编译或运行时可能出现的错误。

3）错误定位与调试辅助

当程序出现错误时，AIGC能够深入分析错误日志和堆栈跟踪信息，精确识别导致错误的代码行和上下文，并根据错误类型提供可能的解决方案。这种分析不仅能涵盖简单的错误消息，还能提供详细的上下文信息，使开发者能够迅速定位并修复问题。

4）自动生成测试用例

AIGC可以根据代码逻辑自动生成单元测试和集成测试用例，确保代码的各部分都经过充分测试，从而提高测试的效率和覆盖率。

5）代码重构与优化建议

AIGC能够通过分析现有代码，为开发者提供重构和优化建议，帮助提升代码质量。还能够识别代码中的重复逻辑和不必要的复杂性，提出重构建议，使代码更加清晰、易于维护。同时，AIGC还能分析代码的执行效率，识别性能瓶颈，并提供优化建议，助力开发者提升应用程序的性能。

2. 代码的维护

代码的维护是指在软件开发过程中，对已完成的软件代码进行修改、优化和更新，以确保软件的正常运行和功能的不断完善。这一过程旨在提高代码的可读性、可维护性和稳定性，延长软件的生命周期，并降低维护成本和风险。常用的代码维护的方法包括以下内容。

- **代码注释和文档：** 详尽而清晰的注释以及用户友好的文档可以帮助其他开发人员更好地理解和维护代码，从而提高团队的协作效率。
- **命名规范：** 有意义且一致的命名规范能够使代码更易于阅读和理解。命名应遵循行业通用的约定，例如使用驼峰命名法或下画线命名法，以确保代码的可读性和可维护性。
- **模块化设计：** 将代码分解为模块或函数，使每个模块或函数负责特定的功能，这样可以提高代码的可读性、可维护性和可重用性。
- **版本控制：** 使用版本控制系统（如Git）来管理代码的版本和变更历史，便于团队协作、追踪代码变更，并在需要时进行回滚，从而确保代码的安全性和可追溯性。
- **单元测试：** 编写单元测试可以验证代码的正确性和稳定性。在进行代码维护时，运行这些测试能够确保修改不会破坏现有功能，从而降低引入新错误的风险。
- **重构：** 定期进行代码重构可以优化代码结构和性能。通过消除重复代码、提取公共函数和优化算法，可以显著提高代码的可读性、可维护性和执行效率。
- **代码审查：** 让其他开发人员对代码进行检查和评估，可以有效提升代码质量。通过代码审查，团队能够发现潜在的问题和改进点，并获得有价值的反馈，从而促进知识共享和团队协作。
- **错误处理：** 合理处理错误和异常情况可以有效避免代码中潜在的漏洞和问题。通过使用适当的错误处理机制，例如错误返回值、异常处理和日志记录，可以提高系统的稳定性和安全性。
- **性能优化：** 定期进行性能优化可以帮助识别和解决代码中的性能瓶颈。通过使用性能分析工具定位问题，开发人员可以实施相应的优化，从而提升软件的响应速度和资源利用率。

●**持续集成和持续部署：**通过使用自动化工具和流程实现持续集成（CI）和持续部署（CD），可以减少人工操作中的错误和时间消耗，从而提高软件的交付速度和质量。

借助AIGC工具，开发者可以更高效、更智能地管理和维护代码。它提供代码补全与推荐工具，可以依据上下文为开发者提供准确的代码片段，显著提升开发效率。同时，开发者还可以使用AIGC检测潜在错误和代码缺陷，以便及时修复问题，减少后期调试。对于代码质量，AIGC可以进行分析并提供改进建议，从而提升代码的可读性和执行效率，确保代码库的高质量和一致性。此外，开发者还可以借助AIGC自动生成文档并提取关键信息，帮助团队成员理解代码功能，提高写作效率，促进项目维护。

动手练 代码检测与修复

📖 **实例位置：本书实例/第8章/动手练/代码检测与修复**

本案例以代码检测与修复为例，介绍AIGC工具在代码调试与维护中的应用。具体操作过程如下。

步骤01 如图8-3所示，在AIGC工具，如"文心一言"中输入以下描述词：

```
请对以下代码进行检测，并修复发现的问题：
def calculate_discount(price, discount_rate):
    return price * discount_rate
```

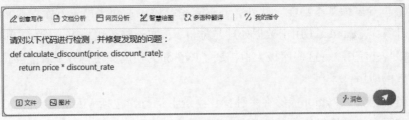

图 8-3

步骤02 单击 ✈ 按钮，等待回答，回复内容如图8-4所示。

至此，完成代码检测与修复的操作。

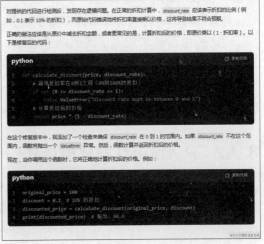

图 8-4

8.2 Python基础

Python是目前较为常见的一种编程语言，其语法设计直观且接近自然语言，初学者能够快速上手。

8.2.1 Python简介

Python是一种解释型、面向对象的高级编程语言，由吉多·范罗苏姆（Guido van Rossum）于1989年发明，并于1991年首次公开发布，之后由开源社区持续开发和维护。Python提供高效的高级数据结构，其简洁的语法和动态类型特性，以及作为解释型语言的本质，使得Python成为在多数平台上编写脚本和快速开发应用的理想选择。Python的主要特点如下。

- **简单易学**：Python的语法设计直观且接近自然语言，使得初学者能够快速上手。清晰的结构和简洁的语法规则降低了学习门槛，让开发者能够专注于编程逻辑，而非复杂的语法细节。
- **解释型语言**：Python代码在运行前无须进行显式编译。Python解释器会将源代码转换为字节码，然后再将字节码翻译成计算机可执行的机器语言进行运行。这一过程使得Python具备了快速开发和即时反馈的优势，便于开发者进行调试和测试。
- **动态类型**：Python是动态类型语言，变量的类型在运行时确定。开发者无须在代码中声明变量类型，这种灵活性使得代码更加简洁，并适合快速原型开发和迭代。
- **丰富的标准库和第三方库**：Python自带一个庞大的标准库，覆盖文件处理、网络编程、数据解析等多种基本功能。此外，其生态系统还包括众多第三方库，如NumPy（用于数值计算）、Pandas（用于数据处理与分析）、Django（用于Web开发）和Flask（用于轻量级Web应用），这些库极大地扩展了Python的功能，使得开发者能够迅速构建复杂且高效的应用。
- **跨平台兼容性**：Python能够在多种操作系统上运行，包括Windows、macOS和Linux。这种跨平台特性使得Python程序可以轻松迁移和部署，增强了应用的可移植性，便于在不同环境中开发和测试。
- **面向对象**：Python支持面向对象编程（OOP），允许开发者使用类和对象组织代码。这种编程范式促进了代码的重用性和模块化，使得大型项目的开发和维护变得更加高效。

随着版本的不断更新和新功能的添加，Python逐渐被应用于独立的大型项目开发中，这种发展趋势显示了Python在软件开发领域的灵活性和适应性，使其成为越来越多开发者的首选语言。

8.2.2 Python开发环境搭建

搭建开发环境是使用Python编程的基础。在开始使用Python之前，必须根据所使用的操作系统搭建相应的开发环境，包括安装Python解释器、选择并安装IDE或文本编辑器等。下面对此进行介绍。

1. 安装 Python 解释器

登录Python网站，并根据操作系统类型下载相应的安装文件，如图8-5所示。下载完成后，双击安装包进入Python安装向导，根据提示进行操作，直至安装完成。

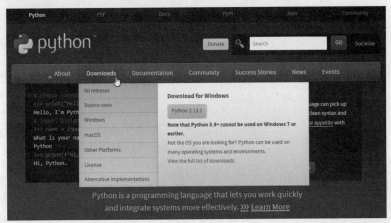

图 8-5

安装完成后，按Win+R组合键打开"运行"对话框，输入cmd命令，打开命令提示符窗口，在其中输入Python后按Enter键，验证Python是否安装成功，如果出现如图8-6所示的信息，则表明安装成功，图中显示的内容如下。

- **Python 3.13.1**：表示安装的Python版本是3.13.1。
- **(tags/v3.13.1:0671451, Dec 3 2024, 19:06:28)**：这是Python版本的构建信息，显示了版本的标签和构建日期。
- **[MSC v.1942 64 bit (AMD64)]**：表示安装的是64位的Python版本，适用于AMD64架构。
- **on win32**：表示正在Windows 32位或64位操作系统上运行Python。

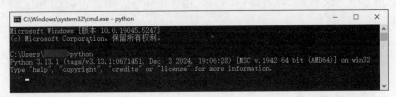

图 8-6

2. 选择并安装 IDE 或文本编辑器

IDE（集成开发环境）是一种专为程序员设计的、综合性的软件应用程序，可以提供全面的开发工具。它集成了代码编辑器、调试工具、版本控制支持、项目管理和插件扩展等多种功能，旨在提高开发效率和代码质量。无论是编程初学者还是经验丰富的开发者，IDE都能满足需求。初学者可以依赖IDE的辅助功能快速上手，而专业开发者则可以利用其强大的工具集来提升工作效率。用户可以根据自己的具体需求选择合适的IDE，并进行个性化配置，以满足特定的开发工作流程。下面以Jupyter Notebook为例介绍常用IDE的安装与应用。

在系统的命令提示符窗口中输入pip3 install Jupyter命令，以安装Jupyter Notebook，完成后，在命令提示符窗口中输入jupyter notebook命令启动Jupyter Notebook，保持Jupyter Notebook在命

令提示符窗口中运行，同时自动打开浏览器，如图8-7所示。单击右上角的New按钮，在下拉列表中选择Python 3（ipykernel）创建文件后，在新窗口的对话框中输入Python代码并运行即可。

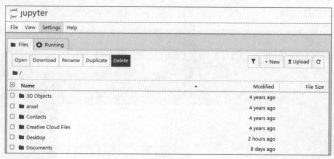

图 8-7

8.2.3　Python编程基础

Python编程基础涵盖语言的基本语法、数据结构、控制结构、函数、模块和文件操作等内容，这些内容构成了Python编程的核心知识体系，是开发者进一步学习及使用必不可少的基础。

1. Python 基本语法

Python基本语法包括变量和标识符、数据类型、字符串操作等。

- **变量和标识符**：变量是用于存储数据的命名空间，可以在程序中引用和修改。变量名必须遵循一定的规则，包括：只能包含字母（a~z、A~Z）、数字（0~9）和下画线（_），且不能以数字开头；不能使用Python的保留字（如 if、else、while 等）；变量名是大小写敏感的，例如myVar和myvar是不同的变量。
- **数据类型**：Python支持多种内置数据类型，包括数字（int、float、complex）、字符串（str）、布尔值（bool）、列表（list）、元组（tuple）、集合（set）和字典（dict）等。
- **字符串操作**：字符串是由字符组成的文本，可以使用单引号、双引号或三引号定义。字符串操作是Python编程中常用的操作，主要包括拼接和格式化。

2. 数据结构

Python提供丰富的数据结构来存储和操作数据，主要包括列表、元组、字典和集合。

- **列表**：有序且可变的集合，可以包含不同类型的元素，支持切片和列表推导式。
- **元组**：有序且不可变的集合，通常用于存储不需要修改的数据，元组可以作为字典的键。
- **字典**：无序的键值对集合，适合存储关联数据，支持字典推导式。
- **集合**：无序且不重复的元素集合，适合用于去重操作，支持集合运算（如交集、并集）。

3. 控制结构

Python的控制结构主要用于控制程序的执行流程，包括顺序结构、分支控制结构和循环结构，能够实现复杂的逻辑。

- **顺序结构**：顺序结构是程序的基本执行方式，指代码按书写顺序逐行执行，没有条件判断或循环。每一条语句都在前一条语句执行完后执行。

- **分支控制结构**：分支控制结构允许程序根据条件的真假来选择不同的执行路径。Python使用 if、elif和else语句来实现分支控制。if语句用于判断条件是否为真。elif语句用于在前一个条件为假时进行进一步判断。else语句用于在所有条件都为假时执行的代码块。
- **循环结构**：循环结构用于重复执行一段代码，直至满足特定条件，Python主要包括for循环和while循环两种循环结构。for循环用于遍历可迭代对象（如列表、字符串、范围等），while循环在条件为真时重复执行代码块。

4. 函数

函数是Python编程中的核心概念，用于封装特定的功能和逻辑，从而实现代码的重用和模块化。通过def关键字定义函数，可以设置默认参数、可变参数和关键字参数，使得函数在处理不同输入时更加灵活。函数可以返回值，支持文档字符串以提供说明，并且可以通过高阶函数和闭包等特性实现更复杂的功能。

5. 模块

在Python中，模块是组织和管理代码的基本单元，它可以包含函数、类和变量，并以".py"文件的形式存在。通过使用import语句，开发者可以在其他文件中导入模块，从而实现代码的重用和结构化。模块具有独立的命名空间，避免了命名冲突，提高了代码的可维护性。此外，Python还提供丰富的标准库模块，用户可以创建自定义模块和包，以满足特定需求。模块的使用使得代码更加清晰、易于管理，并提升软件开发的高效性。

6. 文件操作

Python提供简单而丰富的文件操作功能。在Python中，文件操作通过open()函数实现，支持读取、写入和追加等模式。读取文件可使用read()、readline()或readlines()方法，写入则使用write()和writelines()方法。操作完成后，使用close()方法关闭文件以释放资源。

8.2.4　AIGC辅助代码编写

借助AIGC工具，开发者可以轻松实现代码编写。例如，利用"文心一言"生成Python代码，以实现冒泡排序的效果，在"文心一言"中输入以下内容：

> 请生成一个Python程序，实现冒泡排序算法。程序应包含一个函数，该函数接受一个列表作为参数，并返回排序后的列表。请确保代码清晰易懂，并添加必要的注释。

"文心一言"给出的回复如下。

> 当然，以下是一个实现冒泡排序算法的Python程序。程序包含一个名为bubble_sort的函数，该函数接受一个列表作为参数，并返回排序后的列表。代码中添加了必要的注释，以确保其清晰易懂。

python

```
def bubble_sort(arr):
```

```
    n = len(arr)
    for i in range(n - 1):
        for j in range(0, n - i - 1):
            if arr[j] > arr[j + 1]:
                arr[j], arr[j + 1] = arr[j + 1], arr[j]
    return arr

if __name__ == "__main__":
    test_list = [64, 34, 25, 12, 22, 11, 90]
    sorted_list = bubble_sort(test_list)
    print("Sorted list:", sorted_list)
```

在这个程序中：

（1）bubble_sort函数接受一个列表arr作为参数。

（2）使用两层循环实现冒泡排序：

● 外层循环控制排序的轮数。

● 内层循环在每一轮中进行相邻元素的比较和交换。

（3）如果当前元素大于下一个元素，则交换它们的位置。

（4）最终，函数返回排序后的列表。

（5）在__main__块中，我们测试了bubble_sort函数，并打印了排序后的列表。

读者可以运行这个程序来验证冒泡排序的实现是否正确。

借助Jupyter Notebook，运行效果如图8-8所示。

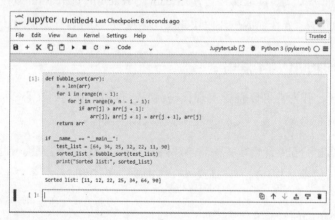

图 8-8

8.2.5　AIGC辅助注释代码

对于8.2.4节生成的Python代码，用户可以借助AIGC工具生成注释，以便团队协作及后期维护。在"文心一言"中输入以下内容：

为以上Python代码添加注释

"文心一言"给出的回复如下。

当然，以下是在Python代码中添加了注释的版本，这些注释解释了每个代码块的作用：

Python

```python
def bubble_sort(arr):
    """
    对传入的列表进行冒泡排序。

    参数:
    arr (list): 需要排序的列表。

    返回:
    list: 排序后的列表。
    """
    n = len(arr)  # 获取列表的长度

    # 外层循环控制排序的轮数
    # 每一轮至少可以确定一个元素的最终位置
    for i in range(n - 1):
        # 内层循环控制每一轮中相邻元素的比较和可能的交换
        # 随着排序的进行，未排序部分的长度逐渐减小
        for j in range(0, n - i - 1):
            # 如果当前元素大于下一个元素，则交换它们
            # 这样较大的元素会逐渐"冒泡"到列表的末尾
            if arr[j] > arr[j + 1]:
                arr[j], arr[j + 1] = arr[j + 1], arr[j]

    # 返回排序后的列表
    return arr

# 当直接运行这个脚本时，下面的代码块会被执行
if __name__ == "__main__":
    # 创建一个包含未排序数字的列表作为测试数据
    test_list = [64, 34, 25, 12, 22, 11, 90]

    # 调用bubble_sort函数对测试列表进行排序
    sorted_list = bubble_sort(test_list)

    # 打印排序后的列表以验证结果
    print("Sorted list:", sorted_list)
```

在这个版本中，注释解释了每个代码块的目的，包括函数的作用、循环的用途以及交换元素的逻辑。这些注释有助于理解代码的工作原理，特别是对于那些不熟悉冒泡排序算法的人。

8.2.6 AIGC辅助调试代码

AIGC通过融合静态分析和动态分析技术，可以精准地识别代码中的错误和潜在问题。以下述代码为例：

```python
def sum_of_squares(numbers):
    total = 0
    for num in numbers:
        total += num ** 2
    return total


numbers_list = [1, 2, '3', 4, 5]
result = sum_of_squares(numbers_list)
print("平方和:", result)
```

该代码在Jupyter Notebook中运行时会报错，如图8-9所示。

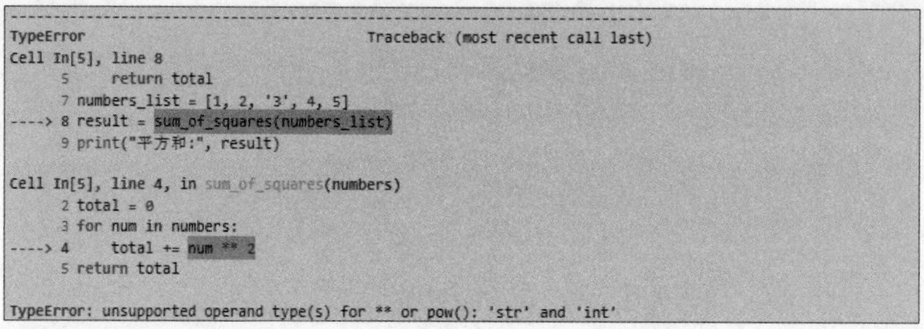

```
--------------------------------------------------------------
TypeError                          Traceback (most recent call last)
Cell In[5], line 8
      5     return total
      7 numbers_list = [1, 2, '3', 4, 5]
----> 8 result = sum_of_squares(numbers_list)
      9 print("平方和:", result)

Cell In[5], line 4, in sum_of_squares(numbers)
      2 total = 0
      3 for num in numbers:
----> 4     total += num ** 2
      5 return total

TypeError: unsupported operand type(s) for ** or pow(): 'str' and 'int'
```

图 8-9

开发者可以复制这段代码，在AIGC工具，如"文心一言"中输入以下内容：

请帮助我调试以下Python代码：

```python
def sum_of_squares(numbers):
    total = 0
    for num in numbers:
        total += num ** 2
    return total


numbers_list = [1, 2, '3', 4, 5]
result = sum_of_squares(numbers_list)
print("平方和:", result)
```

我在运行这段代码时遇到错误，请检查代码并告诉我问题所在，以及如何修复它。谢谢！

"文心一言"给出的回复如下。

您在运行这段代码时遇到错误是因为尝试对列表numbers_list中的字符串 '3' 进行平方运算。在Python中，您不能直接将字符串与数字进行数学运算，这会导致 TypeError。

错误消息可能类似于：

```
TypeError: unsupported operand type(s) for ** or pow(): 'int' and 'str'
```

为了修复这个问题，您需要确保列表中的所有元素都是数字。如果列表可能包含字符串形式的数字，您可以在计算平方之前将它们转换为整数。以下是修复后的代码：

python

```
def sum_of_squares(numbers):
    total = 0
    for num in numbers:
        # 确保 num 是整数，如果它是字符串则尝试转换
        if isinstance(num, str):
            num = int(num)
        total += num ** 2
    return total

numbers_list = [1, 2, '3', 4, 5]
result = sum_of_squares(numbers_list)
print("平方和:", result)
```

现在，代码将正确运行，并输出：

```
平方和: 55
```

因为 1^2 + 2^2 + 3^2 + 4^2 + 5^2 = 1 + 4 + 9 + 16 + 25 = 55。

注意：如果列表中的字符串不能转换为整数（例如，如果它包含非数字字符），上面的代码将引发 ValueError。在实际应用中，您可能需要添加额外的错误处理来优雅地处理这种情况。

调试后的代码在Jupyter Notebook中运行，效果如图8-10所示。

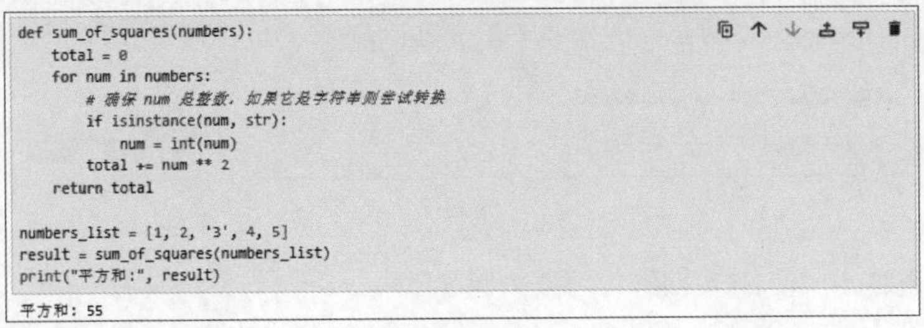

```
def sum_of_squares(numbers):
    total = 0
    for num in numbers:
        # 确保 num 是整数，如果它是字符串则尝试转换
        if isinstance(num, str):
            num = int(num)
        total += num ** 2
    return total

numbers_list = [1, 2, '3', 4, 5]
result = sum_of_squares(numbers_list)
print("平方和:", result)
平方和: 55
```

图 8-10

修改其中的数字后再次运行，效果如图8-11所示。

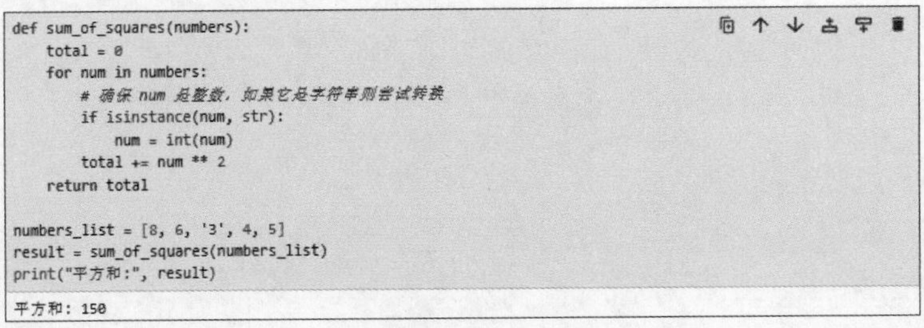

```
def sum_of_squares(numbers):
    total = 0
    for num in numbers:
        # 确保 num 是整数，如果它是字符串则尝试转换
        if isinstance(num, str):
            num = int(num)
        total += num ** 2
    return total

numbers_list = [8, 6, '3', 4, 5]
result = sum_of_squares(numbers_list)
print("平方和:", result)
平方和: 150
```

图 8-11

动手练 体重指数计算程序

📖 **案例素材**：本书实例/第8章/动手练/体重指数计算程序

本案例以体重指数计算程序的Python代码生成为例，介绍AIGC工具辅助Python的应用。具体操作过程如下。

步骤 01 如图8-12所示，在AIGC工具，如"文心一言"中输入以下描述词：

请帮我编写一个Python程序，用于计算体重指数（BMI）。程序应包含以下功能：

（1）创建一个独立的图形用户界面（GUI）。

（2）用户可以输入身高（米）和体重（千克）。

（3）根据输入的身高和体重计算BMI值。

（4）根据BMI值显示相应的提醒语句，例如：

● 如果BMI<18.5，显示"偏瘦"。

● 如果18.5≤BMI<24.9，显示"正常"。

● 如果BMI≥25，显示"偏胖"。

（5）界面应简洁友好，易于使用。

请确保代码清晰易懂，并添加必要的注释。

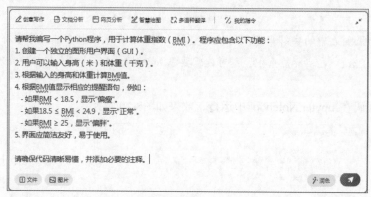

图 8-12

步骤 02 单击 ➤ 按钮，等待回答，回复内容如下。

为了实现这个功能，我们可以使用Python的tkinter库来创建一个图形用户界面（GUI）。以下是一个完整的Python程序，该程序包含一个简单的GUI，用户可以在其中输入身高和体重，然后计算并显示BMI值以及相应的提醒语句。

python

```python
import tkinter as tk
from tkinter import messagebox


def calculate_bmi():
```

```python
    try:
        # 获取用户输入的身高和体重
        height = float(entry_height.get())
        weight = float(entry_weight.get())

        # 计算BMI值
        bmi = weight / (height ** 2)

        # 显示BMI值
        label_bmi.config(text=f"BMI: {bmi:.2f}")

        # 根据BMI值显示相应的提醒语句
        if bmi < 18.5:
            status = "偏瘦"
        elif 18.5 <= bmi < 24.9:
            status = "正常"
        else:
            status = "偏胖"

        # 显示提醒语句
        messagebox.showinfo("BMI状态", f"您的BMI值为：{bmi:.2f}，属于{status}")
    except ValueError:
        messagebox.showerror("输入错误", "请输入有效的数字")


# 创建主窗口
root = tk.Tk()
root.title("BMI计算器")

# 设置窗口大小
root.geometry("300x200")

# 创建并放置标签和输入框
label_height = tk.Label(root, text="身高(米):")
label_height.pack(pady=5)
entry_height = tk.Entry(root)
entry_height.pack(pady=5)

label_weight = tk.Label(root, text="体重(千克):")
label_weight.pack(pady=5)
entry_weight = tk.Entry(root)
entry_weight.pack(pady=5)
```

```python
# 创建并放置计算按钮
button_calculate = tk.Button(root, text="计算BMI", command=calculate_bmi)
button_calculate.pack(pady=20)

# 创建并放置显示BMI值的标签
label_bmi = tk.Label(root, text="")
label_bmi.pack(pady=10)

# 运行主循环
root.mainloop()
```

代码说明

1. 导入库

python

```python
import tkinter as tk
from tkinter import messagebox
```

tkinter是Python的标准GUI库，messagebox用于显示信息框。

2. 定义calculate_bmi函数

python

```python
def calculate_bmi():
    try:
        # 获取用户输入的身高和体重
        height = float(entry_height.get())
        weight = float(entry_weight.get())

        # 计算BMI值
        bmi = weight / (height ** 2)

        # 显示BMI值
        label_bmi.config(text=f"BMI: {bmi:.2f}")

        # 根据BMI值显示相应的提醒语句
        if bmi < 18.5:
            status = "偏瘦"
        elif 18.5 <= bmi < 24.9:
            status = "正常"
        else:
            status = "偏胖"

        # 显示提醒语句
        messagebox.showinfo("BMI状态", f"您的BMI值为：{bmi:.2f}，属于{status}")
    except ValueError:
```

```
        messagebox.showerror("输入错误", "请输入有效的数字")
```

这个函数用于获取用户输入的身高和体重，计算BMI值，并根据BMI值显示相应的提醒语句。

3. 创建主窗口

python

```
root = tk.Tk()
root.title("BMI计算器")
root.geometry("300x200")
```

创建一个主窗口，并设置其标题和大小。

4. 创建并放置标签和输入框

python

```
label_height = tk.Label(root, text="身高(米):")
label_height.pack(pady=5)
entry_height = tk.Entry(root)
entry_height.pack(pady=5)

label_weight = tk.Label(root, text="体重(千克):")
label_weight.pack(pady=5)
entry_weight = tk.Entry(root)
entry_weight.pack(pady=5)
```

创建身高和体重的标签和输入框，并将它们放置在主窗口中。

5. 创建并放置计算按钮

python

```
button_calculate = tk.Button(root, text="计算BMI", command=calculate_bmi)
button_calculate.pack(pady=20)
```

创建一个计算按钮，并将其放置在主窗口中，当单击按钮时调用calculate_bmi函数。

6. 创建并放置显示BMI值的标签

python

```
label_bmi = tk.Label(root, text="")
label_bmi.pack(pady=10)
```

创建一个标签用于显示BMI值，并将其放置在主窗口中。

7. 运行主循环

python

```
root.mainloop()
```

运行Tkinter的主循环，使窗口保持显示并响应用户操作。

这个程序提供一个简洁友好的界面，用户可以输入身高和体重，然后单击按钮，计算并显示BMI值及相应的提醒语句。

步骤 **03** 复制代码，在Jupyter Notebook中新建文件，并添加复制的代码。

步骤 **04** 单击▶按钮运行代码，效果如图8-13所示。

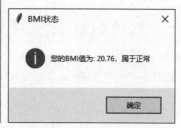

图 8-13

至此，完成体重指数计算程序的设计。

8.3 Web基础

互联网已成为人们日常生活中不可或缺的一部分，而Web则是构建这一庞大互联网生态系统的基础。随着技术的不断进步，Web应用程序的复杂性和功能性也在持续提升。

8.3.1 Web简介

Web（World Wide Web，万维网）是一个全球性的互联网信息系统，由英国计算机科学家蒂姆·伯纳斯-李（Tim Berners-Lee）在1989年提出，并于1991年正式发布。Web利用超文本链接将各种信息资源连接起来，并通过多媒体元素丰富信息的呈现方式，从而实现全球范围内的信息互联与共享。

Web中集成了HTML、CSS、JavaScript等前端技术，以及HTTP/HTTPS协议和数据库等后端技术，这些技术共同构成了现代Web应用的基石。这些技术的作用如下。

- **超文本标记语言（HTML）**：HTML是用于创建网页的标准标记语言，通过定义一系列标签来构建网页的内容结构。结合CSS和JavaScript，HTML能够实现丰富的网页效果和交互功能。
- **层叠样式表（CSS）**：CSS是一种用于描述网页样式的语言，它将网页的内容与表现分离，提高了网页的可维护性和可重用性。开发者可以通过CSS控制页面元素的颜色、字体、布局以及响应式设计等，使网站在不同设备上都有良好的表现效果。
- **JavaScript**：JavaScript是一种广泛使用的多范式编程语言，主要用于增强网页的交互性和动态性，使用户可以与网页进行实时互动。
- **超文本传输协议（HTTP/HTTPS）**：HTTP（HyperText Transfer Protocol）是Web上用于传输数据的协议，HTTPS是其安全版本，通过SSL/TLS加密数据传输。HTTP/HTTPS定义了客户端（浏览器）与服务器之间的数据交换格式，确保数据的完整性和安全性。
- **统一资源定位符（URL）**：URL（Uniform Resource Locator）是互联网上的地址标识

符，用来指定网络资源的位置以及访问该资源的方式。一个典型的URL包含协议（如http://）、域名、路径及可能的查询参数。

● **应用程序编程接口（API）：** API（Application Programming Interface）用于定义软件组件之间交互的规则和协议，支持不同的软件应用程序相互通信，常用于访问Web服务、数据库或其他资源，简化开发过程。

● **数据库：** 数据库是用于存储、管理和检索数据的系统，支持数据的持久化和结构化存储。

8.3.2　认识HTML 5

HTML 5是在HTML 4.01规范基础上建立的第五次重大修订标准，它不仅用于表示Web内容，还引入了众多新功能，将Web发展为一个更加成熟和强大的平台。在HTML 5中，视频、音频、图像、动画以及与计算机的交互都被标准化，极大地丰富了Web应用的功能和用户体验。

在HTML 5出现之前，Web浏览器的兼容性和互操作性是一个严重的问题。由于当时几乎没有符合标准规范的Web浏览器，各浏览器之间的实现差异很大，这主要依赖于网站开发者通过额外的代码和技巧来确保网站在不同浏览器上的正确显示。HTML的语法原本基于SGML（标准通用标记语言），但由于SGML的语法复杂且难以解析，大多数Web浏览器并没有作为SGML解析器来运行。尽管HTML规范要求遵循SGML的语法，但在实际执行中，各浏览器对HTML的解析和处理方式并不统一，这在一定程度上推动了HTML 5的发展。

HTML 5的一个重要目标是提升Web浏览器之间的兼容性。为实现这一目标，HTML 5致力于缩小规范与实际实现之间的差距，要求各浏览器的内部实现遵循统一标准，从而显著提高了浏览器之间正常交互和显示网页内容的可能性。此外，HTML 5还引入了一系列具有强语义性的结构元素。这些元素通过其标签名称就能直接传达内容的意义，使得开发者能够更清晰地理解和组织网页结构，同时也提升了搜索引擎对网页内容的理解和索引效率。

8.3.3　HTML 5的基础语法与结构

HTML 5是现代Web开发的基础，提供许多新特性和功能。本节将对其基础语法与结构进行介绍。

1. HTML 基本文档结构

HTML 5文档具有一个标准的整体结构，其中的大多数标签是成对出现的，例如\<html>\</html>、\<head>\</head>、\<body>\</body>等，这些成对出现的标签用于包裹内容，形成一个逻辑上的结构单元。然而，也有一些HTML 5标签是自闭合的，它们不需要结束标签，例如\<img/>、\
和\<input/>等。这些自闭合标签通常用于表示那些不需要包含其他内容的元素。

一个标准的HTML 5文档通常由以下部分组成：

```
<!DOCTYPE html>
<html lang="zh-CN">
<head>
    <meta charset="UTF-8">
```

```
    <meta name="viewport" content="width=device-width, initial-scale=1.0">
    <title>无标题文档</title>
    <!-- 可以添加其他meta标签或链接到外部CSS文件 -->
    <!-- 例如: <link rel="stylesheet" href="styles.css"> -->
</head>
<body>
    <!-- 页面内容 -->
</body>
</html>
```

其中各标签作用如下。

- **<!DOCTYPE html>**：声明文档类型为HTML 5。
- **<html>**：HTML文档的根元素，包含整个页面的内容。
- **<head>**：包含页面的元（meta）数据，如字符集、标题、样式表链接、脚本等。
- **<meta charset="UTF-8">**：定义文档的字符编码为UTF-8。
- **<title>**：定义页面的标题，显示在浏览器的标题栏或标签页上。
- **<body>**：包含页面的主体内容，如文本、图像、视频等。

❶注意事项 HTML不区分标签的大小写，但为了可读性和一致性，通常使用小写的标签。

2. 常用标签

HTML 5的常用标签如表8-2所示。

表8-2

类别	标签	描述
文本格式化	<h1>~<h6>	定义一到六级标题
	<p>	定义段落
	 	插入单个换行
	<hr>	定义水平线
	<b>/<strong>	定义粗体文本，<strong>语气更强
	<i>/<em>	定义斜体文本，<em>表示强调
	<small>	定义小号文本
	<mark>	定义有记号的文本
	<del>	定义被删除的文本
	<ins>	定义被插入的文本
	<sub>	定义下标文本
	<sup>	定义上标文本

（续表）

类别	标签	描述
列表	\<ul\>	无序列表
	\<ol\>	有序列表
	\<li\>	列表项
	\<dl\>	描述列表
	\<dt\>	定义术语
	\<dd\>	定义描述
链接和媒体	\<a\>	定义超链接
	\<img\>	嵌入图像
	\<audio\>	嵌入音频文件
	\<video\>	嵌入视频文件
	\<iframe\>	嵌入外部网站或文档（注意：使用时要考虑安全性和性能）
表单	\<form\>	定义表单
	\<input\>	定义输入字段
	\<textarea\>	定义多行文本输入区域
	\<select\>	定义下拉列表
	\<option\>	下拉列表的选项
	\<button\>	定义按钮
	\<label\>	为表单控件提供标签
其他	\<div\>	定义文档中的节或区块（块级元素）
	\<span\>	定义文档中的行内元素
	\<header\>	定义页面或部分的头部
	\<footer\>	定义页面或部分的页脚
	\<section\>	定义文档中的节或部分
	\<article\>	定义独立的内容块
	\<aside\>	定义与主要内容相关的辅助内容
	\<nav\>	定义导航链接
	\<time\>	定义日期或时间

8.3.4 AIGC辅助编写HTML 5网页

借助AIGC工具，开发者可以快速生成HTML 5代码，制作丰富的网页效果。例如，利用"文心一言"生成HTML 5代码，来制作基本网页框架，在"文心一言"中输入以下内容：

生成一个基本的HTML 5网页框架，包括<!DOCTYPE html>、<html>、<head>和<body>标签。添加标题为"我的网站"，并包含字符集和视口设置。在网页中添加一个主标题<h1>，内容为"欢迎来到我的网站"，以及一个段落<p>，内容为"这是我的第一个网页"。最后在底部添加一个页脚，内容为"版权所有©2024"。

"文心一言"给出的回复如下。

以下是一个基本的HTML 5网页框架，包含了您所要求的元素：

html

```html
<!DOCTYPE html>
<html lang="zh-CN">
<head>
    <meta charset="UTF-8">
    <meta name="viewport" content="width=device-width, initial-scale=1.0">
    <title>我的网站</title>
</head>
<body>
    <h1>欢迎来到我的网站</h1>
    <p>这是我的第一个网页。</p>
    <footer>
        版权所有©2024
    </footer>
</body>
</html>
```

解释

（1）<!DOCTYPE html>：声明文档类型为HTML 5。

（2）<html lang="zh-CN">：<html>标签是HTML文档的根元素，lang="zh-CN"属性指定文档的语言为简体中文。

（3）<head>：头部元素，包含文档的元数据。

● <meta charset="UTF-8">：指定文档的字符编码为UTF-8。

● <meta name="viewport" content="width=device-width, initial-scale=1.0">：设置视口，以确保网页在移动设备上正确显示。

● <title>我的网站</title>：设置网页的标题，显示在浏览器的标签页上。

（4）<body>：主体元素，包含网页的主要内容。

● <h1>欢迎来到我的网站</h1>：一级标题，表示网页的主标题。

● <p>这是我的第一个网页。</p>：段落，包含一些文本内容。

● <footer>版权所有©2024</footer>：页脚，通常包含版权信息或其他辅助内容。

将上述代码保存为一个".html"文件，然后在浏览器中打开，即可看到您所创建的网页。

在Dreamweaver[①]中运行上述代码，保存后按F12键在浏览器中预览，效果如图8-14所示。

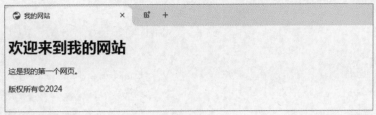

图 8-14

8.3.5　AIGC辅助修改HTML5网页

对于8.3.4节中生成的代码，用户可以借助AIGC工具辅助修改，以便实现更优质的网页效果。在"文心一言"中输入以下内容：

> 修改上述代码，使其与页面居中对齐，页脚位于浏览器窗口底部中心处，根据浏览器窗口大小响应式变化。

"文心一言"给出的回复如下：

要实现页面内容居中对齐，并让页脚始终位于浏览器窗口底部中心且响应式变化，我们可以使用CSS进行样式设计。以下是一个修改后的HTML5网页框架，它包含了CSS样式来实现这些要求：

html

```html
<!DOCTYPE html>
<html lang="zh-CN">
<head>
    <meta charset="UTF-8">
    <meta name="viewport" content="width=device-width, initial-scale=1.0">
    <title>我的网站</title>
    <style>
        body {
            font-family: Arial, sans-serif;
            margin: 0;
            padding: 0;
            display: flex;
            flex-direction: column;
            min-height: 100vh;          /* 使body高度至少为视口高度 */
            justify-content: center;     /* 垂直居中内容（不包括页脚） */
```

---

① HTML 5的代码是可以直接在Dreamweaver中运行的，读者在学习这部分内容时，可以简单了解一下有关Dreamweaver的基础操作。

```
            text-align: center;              /* 水平居中对齐内容 */
        }

        main {
            flex: 1;                          /* 使main元素占据剩余空间 */
            padding: 20px;                    /* 添加一些内边距，以改善可读性 */
            max-width: 800px;                 /* 限制最大宽度以改善响应式布局 */
            margin: auto;                     /* 水平居中对齐main元素 */
        }

        footer {
            background-color: #f1f1f1;        /* 页脚背景色 */
            padding: 10px;                    /* 页脚内边距 */
            width: 100%;                      /* 页脚宽度为100% */
            text-align: center;               /* 页脚内容居中对齐 */
            position: sticky;                 /* 使页脚在滚动时保持在底部 */
            bottom: 0;                        /* 页脚紧贴浏览器窗口底部 */
        }

        /* 可选：为页脚添加一些阴影，以增强视觉效果 */
        footer::after {
            content: '';
            display: block;
            height: 1px;                      /* 阴影高度 */
            background: -webkit-linear-gradient(left, rgba(0,0,0,0.1),
rgba(0,0,0,0));                               /* 左侧阴影渐变 */
            background: linear-gradient(to right, rgba(0,0,0,0.1),
rgba(0,0,0,0));                               /* 右侧阴影渐变 */
            margin-top: -1px;                 /* 将阴影紧贴在页脚顶部 */
        }
    </style>
</head>
<body>
    <main>
        <h1>欢迎来到我的网站</h1>
        <p>这是我的第一个网页。</p>
    </main>
    <footer>
        <p>版权所有©2024</p>
    </footer>
</body>
</html>
```

解释

CSS样式：

- **body：** 使用flex布局，将方向设置为column，使内容垂直排列。justify-content: center将内容（不包括页脚）垂直居中。text-align: center将内容水平居中。min-height: 100vh确保body高度至少为视口高度。
- **main：** flex: 1使main元素占据剩余空间（在页脚上方）。padding和max-width用于改善可读性和响应式布局。margin: auto水平居中对齐main元素。
- **footer：** position: sticky和bottom: 0使页脚在滚动时保持在底部。width: 100%和text-align: center确保页脚内容水平居中对齐。background-color和padding用于美化页脚。
- **footer::after（可选）：** 为页脚添加一条阴影以增强视觉效果。使用渐变背景创建左侧到右侧的阴影效果。

HTML结构：

- 将主要内容放入<main>标签中，以便更容易应用样式和布局。
- 页脚保持在<footer>标签中。

请注意，由于position: sticky的使用，页脚将在内容足够多时保持在页面底部，而不是固定在视口底部。如果希望页脚始终固定在视口底部，无论内容多少，可以移除flex布局和相关的justify-content属性，并为body和footer应用不同的布局策略。然而，这可能会使内容不再垂直居中（除非使用更复杂的CSS布局技术，如Grid或额外的JavaScript）。

在Dreamweaver中运行上述代码，保存后按F12键在浏览器中预览，效果如图8-15所示。

图 8-15

动手练　制作网页基础布局

📖 **案例素材：** 本书实例/第8章/动手练/制作网页基础布局

本案例将以网页基础布局的制作为例，介绍AIGC工具在HTML 5中的应用。具体操作过程如下。

步骤 01 如图8-16所示，在AIGC工具，如"文心一言"中输入以下描述词：

生成一个基本的HTML 5网页布局，包含上、中、下三部分。中间部分进一步分为左、中、右三部分，所有部分的高度和宽度均响应式适应浏览器窗口。每个部分使用不同的协调颜色：上部分为浅蓝色，中间左部分为浅绿色，中间中部分为浅黄色，中间右部分为浅橙色，下部分为浅灰色。

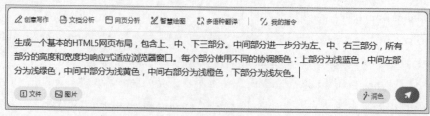

图 8-16

步骤 02 单击 ⬀ 按钮，等待回答，回复内容如下。

以下是一个基本的HTML5网页布局，包含上、中、下三部分，中间部分进一步分为左、中、右三部分。所有部分的高度和宽度均响应式适应浏览器窗口，并使用不同的协调颜色。

html

```html
<!DOCTYPE html>
<html lang="zh-CN">
<head>
    <meta charset="UTF-8">
    <meta name="viewport" content="width=device-width, initial-scale=1.0">
    <title>响应式网页布局</title>
    <style>
        body, html {
            margin: 0;
            padding: 0;
            height: 100%;
        }

        .container {
            display: flex;
            flex-direction: column;
            height: 100%;
        }

        .header {
            background-color: lightblue;
            flex: 0 1 10%; /* 占整个容器高度的10% */
        }

        .middle {
```

```
            display: flex;
            flex: 1;              /* 占剩余高度 */
        }

        .middle .left {
            background-color: lightgreen;
            flex: 1;              /* 三者平分宽度 */
        }

        .middle .center {
            background-color: lightyellow;
            flex: 1;
        }

        .middle .right {
            background-color: lightcoral;
            flex: 1;
        }

        .footer {
            background-color: lightgray;
            flex: 0 1 10%;        /* 占整个容器高度的10% */
        }

        .flex-item {
            display: flex;
            align-items: center;
            justify-content: center;
            font-size: 24px;
            color: black;
        }
    </style>
</head>
<body>
    <div class="container">
        <div class="header flex-item">上部分</div>
        <div class="middle">
            <div class="left flex-item">中间左部分</div>
            <div class="center flex-item">中间中部分</div>
            <div class="right flex-item">中间右部分</div>
        </div>
        <div class="footer flex-item">下部分</div>
```

```
        </div>
    </body>
</html>
```

解释

HTML结构：

- 使用<div>元素创建容器和各部分。
- ".container"是主容器，包含".header"".middle"".footer"。
- ".middle"容器包含".left"".center"和".right"三个子部分。

CSS样式：

- **body、html：** 设置margin和padding为0，确保页面没有默认的外边距和内边距。
- **.container：** 使用flex布局，并将方向设置为column，使子元素垂直排列。
- **".header"和".footer"：** 分别设置背景颜色，并使用flex属性控制它们的高度。这里设置为占整个容器高度的10%。
- **.middle：** 使用flex布局，并将方向设置为row（默认），使子元素水平排列。
- **".middle .left"".middle .center"".middle .right"：** 设置背景颜色，并使用flex: 1使它们平分父容器的宽度。
- **.flex-item：** 一个通用的类，用于居中显示文本，并设置字体大小和颜色。

这个布局可以很好地适应不同大小的浏览器窗口，并且每部分的颜色都会根据设定显示。

步骤03 复制其中的代码部分至Dreamweaver中，如图8-17所示。

图 8-17

步骤04 保存文件，按F12键预览，效果如图8-18所示。

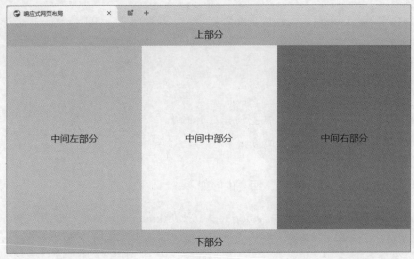

图 8-18

至此，完成网页基础布局的制作。

拓展应用：创建年龄查询工具

📖 **案例素材**：本书实例/第8章/拓展应用/年龄查询工具

本案例以年龄查询工具的制作为例，介绍AIGC在代码编写与调试中的应用。具体操作过程如下。

步骤01 在AIGC工具，如"文心一言"中输入以下描述词：

> 我需要一个Python小程序，它使用tkinter库来创建一个独立的GUI窗口。这个窗口应该包含以下元素。
>
> **标签**：一个标签，提示用户输入他们的阳历出生年份。
>
> **文本输入框**：一个文本输入框，用户可以在其中输入他们的出生年份。
>
> **查询按钮**：一个按钮，用户单击后会触发年龄查询功能。
>
> **结果标签**：一个标签，用于显示查询结果，即用户的当前年龄。
>
> **功能要求**：
>
> 当用户在文本输入框中输入他们的出生年份，并单击"查询"按钮时，程序应该：
>
> 使用datetime库获取当前年份。
>
> 计算用户输入的出生年份与当前年份之间的差值，得到用户的年龄。
>
> 在结果标签中显示计算出的年龄。
>
> **错误处理**：
>
> 程序应该能够处理用户输入的非数字字符或未来年份等无效输入，并给出清晰的错误提示。

代码要求：

请提供完整的Python脚本，包括必要的库导入、函数定义、GUI组件的创建与布局，以及事件处理函数。

确保代码结构清晰，易于理解。

额外信息：

不需要实现生肖查询功能，只需查询并显示年龄。

GUI窗口应该简洁明了，易于使用。

步骤 02 单击 按钮，等待回答，回复内容如下。

以下是一个满足您要求的完整Python脚本，使用tkinter库来创建一个独立的GUI窗口，用于查询并显示用户的当前年龄。该脚本包含必要的库导入、函数定义、GUI组件的创建与布局，以及事件处理函数。

python

```python
import tkinter as tk
from tkinter import messagebox
from datetime import datetime

def calculate_age():
    """计算并显示用户的年龄"""
    try:
        # 获取用户输入的出生年份
        birth_year_input = entry.get()
        birth_year = int(birth_year_input)

        # 获取当前年份
        current_year = datetime.now().year

        # 检查是否输入了未来年份
        if birth_year > current_year:
            raise ValueError("不能输入未来年份! 请检查您的输入。")

        # 计算年龄
        age = current_year - birth_year

        # 更新结果标签以显示年龄
        result_label.config(text=f"您的年龄是: {age}岁")
    except ValueError as e:
        # 如果输入不是数字或输入了未来年份, 则显示错误消息
        messagebox.showerror("输入错误", f"无效输入: {e}")
```

```
# 创建主窗口
root = tk.Tk()
root.title("年龄计算器")

# 创建和布局标签、文本输入框、查询按钮和结果标签
prompt_label = tk.Label(root, text="请输入您的阳历出生年份:")
prompt_label.pack(pady=10)

entry = tk.Entry(root, width=10)
entry.pack(pady=5)

query_button = tk.Button(root, text="查询年龄", command=calculate_age)
query_button.pack(pady=10)

result_label = tk.Label(root, text="")
result_label.pack(pady=10)

# 运行tkinter主循环
root.mainloop()
```

代码说明

库导入:

- **import tkinter as tk:** 导入tkinter库,用于创建GUI。
- **from tkinter import messagebox:** 从tkinter库中导入messagebox,用于显示错误消息。
- **from datetime import datetime:** 从datetime库中导入datetime,用于获取当前年份。

函数定义:

- **calculate_age():** 该函数负责计算并显示用户的年龄。它首先尝试将用户输入的文本转换为整数,然后获取当前年份,计算年龄,并更新结果标签。如果输入无效(如非数字或未来年份),则显示错误消息。

GUI组件创建与布局:

- **root:** 创建主窗口。
- **prompt_label:** 创建一个标签,提示用户输入出生年份。
- **entry:** 创建一个文本输入框,供用户输入出生年份。
- **query_button:** 创建一个按钮,用户单击后会触发calculate_age函数。
- **result_label:** 创建一个标签,用于显示计算出的年龄。

事件处理:

- 将calculate_age函数绑定query_button的command属性,当用户单击按钮时,会调用该

函数。

运行Tkinter主循环：

● 使用root.mainloop()启动Tkinter的主事件循环，使窗口保持打开状态，并响应用户交互。

使用说明：

● 运行脚本。

● 在文本输入框中输入您的出生年份。

● 单击"查询年龄"按钮。

● 程序将计算并显示您的当前年龄。

● 如果输入无效（如非数字或未来年份），程序将显示错误消息。

这个脚本提供了一个简单而有效的年龄计算器GUI，易于理解和使用。

步骤03 在对话框中输入以下内容，以进一步调试优化代码。

在运行代码时，我发现程序在处理某些输入时表现得不正确。例如，当我输入一个非四位数的年份或者非数字字符时，我希望程序能给出更明确的错误提示，而不是默认的"无效输入"。此外，我希望程序能在用户输入未来年份时更加友好地提醒用户。我已经尝试过修改calculate_age函数中的异常处理逻辑，但效果不佳。我运行的是Python 3.×版本，Tkinter为默认安装的最新版本。请帮我审查这段代码，并提出改进建议，特别是在输入验证方面。

步骤04 回复内容如下。

确实，我们需要对calculate_age函数中的异常处理逻辑进行一些改进，以便提供更明确的错误提示。以下是对您提供的代码进行改进后的版本：

Python

```python
import tkinter as tk
from tkinter import messagebox
from datetime import datetime

def calculate_age():
    """计算并显示用户的年龄，同时处理各种输入错误"""
    birth_year_input = entry.get()

    try:
        # 尝试将输入转换为整数
        birth_year = int(birth_year_input)

        # 获取当前年份
        current_year = datetime.now().year
```

```
        # 检查是否输入了未来年份
        if birth_year > current_year:
            raise ValueError(f"不能输入未来年份！您输入的年份 {birth_year} 大于当前年
份 {current_year}。")

        # 检查年份是否合理（这里简单假设年份在四位数字范围内，但这不是严格的年份验证）
        if not (1000 <= birth_year <= 9999):
            raise ValueError("年份输入不合理！请输入一个有效的四位数字年份。")

        # 计算年龄
        age = current_year - birth_year

        # 更新结果标签以显示年龄
        result_label.config(text=f"您的年龄是：{age}岁")
    except ValueError as e:
        # 如果输入不是数字、输入了未来年份或年份不合理，则显示错误消息
        messagebox.showerror("输入错误", str(e))

# 创建主窗口
root = tk.Tk()
root.title("年龄计算器")

# 创建和布局标签、文本输入框、查询按钮和结果标签
prompt_label = tk.Label(root, text="请输入您的阳历出生年份（四位数字）:")
prompt_label.pack(pady=10)

entry = tk.Entry(root, width=10)
entry.pack(pady=5)

query_button = tk.Button(root, text="查询年龄", command=calculate_age)
query_button.pack(pady=10)

result_label = tk.Label(root, text="")
result_label.pack(pady=10)

# 运行Tkinter主循环
root.mainloop()
```

改进点说明

1. 更明确的错误提示

● 当用户输入未来年份时，现在会显示一个包含当前年份和用户输入年份的错误消息。

● 当年份不在合理的四位数字范围内时（虽然这不是严格的年份验证，但通常年份是
四位数），会显示一个错误消息提示用户年份输入不合理。

2. 异常处理

依然使用try-except块来捕获转换整数时可能引发的ValueError，但现在错误消息更加具体。

3. 用户提示

在提示标签中增加了"（四位数字）"的说明，以引导用户输入合理的年份。

请注意，这里的年份验证（1000 <= birth_year <= 9999）是简化的，并且不是历史上所有年份的准确表示。实际上，公历（格里高利历）的引入是在1582年，而在此之前使用的是儒略历。但是，对于大多数用途来说，这种简化的验证通常是足够的。如果您需要更严格的年份验证，您可能需要考虑更多的历史细节或使用现成的日期处理库。

此外，如果用户可能会输入非常早期的年份（例如公元前），那么您可能需要进一步调整验证逻辑以适应这些情况。但在大多数情况下，上述代码应该足够处理常见的用户输入错误。

步骤 **05** 在系统命令行窗口中输入jupyter notebook命令来启动Jupyter Notebook，保持Jupyter Notebook在命令行窗口中运行，同时自动打开浏览器，如图8-19所示。

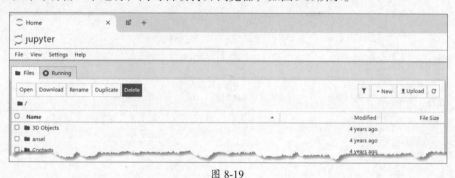

图 8-19

步骤 **06** 单击Jupyter Notebook右上角的New按钮，在下拉列表中选择Python 3（ipykernel）创建文件，在新窗口中的对话框中复制粘贴Python代码。单击"查询年龄"按钮运行效果，如图8-20所示。

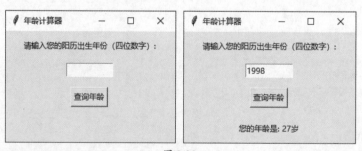

图 8-20

至此，完成年龄查询工具的制作。